冰箱里的厨房

5分钟就可以上桌的109道常备菜

〔日〕飞田和绪　著　　邹艳苗　译

南海出版公司

新经典文化股份有限公司
www.readinglife.com
出　品

前言

常备菜是“冰箱里的厨房”，是为了更方便、快速地准备好一日三餐而提前做好保存在冰箱里的菜肴。可以直接吃，也可以加热一下再吃，或者简单拌一下就能端上餐桌，这让主妇轻松不少。有了这些常备菜，无论何时都能轻松地说一句“开饭啦”。

与可以长期存放的腌制菜不同，常备菜的保存期限通常在一周左右，短的只能放到第二天。我家冰箱里经常储存着家庭人气菜、每日吃不厌的菜、可以放进便当里的配菜，以及忙碌时很快就能端上桌的菜……我把它们的做法都写在了这本书里。

这些菜肴中有外婆传给妈妈的味道、有我自己在厨房里搭配出的味道，还有丈夫和女儿喜爱的味道。它们都是多年沉淀出的家常真味，希望你也尝一尝。

请相信，只要有了这些菜，你就拥有了冰箱里的厨房，打开冰箱就会食欲大振，迫不及待地去煮米饭。

为了家人每天都有好胃口，我总会做些菜常备在冰箱中，这早已成为一种习惯。

飞田和绪

目录

第1章 肉类·鱼类

第2章 时蔬类

第3章 干货类

第4章 鸡蛋类

第5章 豆类·豆制品类

第6章 酱汁类

专栏

关于本书：

◎本书中，1杯为200毫升、1大勺为15毫升、1小勺为5毫升。

◎本书用到的出汁是由海带、木鱼花、小杂鱼干等食材熬煮而成的清汤。

◎橄榄油为特级初榨橄榄油。

◎食材用量以方便烹饪为准，标注的“×人份”表示几个人可以一次吃完。

第1章

肉类·鱼类

酱汁肉末、姜味牛肉、味噌鸡肉、
生拌金枪鱼、盐渍鱿鱼、山椒小鱼干……
这些可以当成主菜的肉类、鱼类菜肴，我会将口味料理得浓郁一些。
有些菜从冰箱里拿出来后需要简单加热一下再吃，
但更多的都能直接配白米饭下肚。
我先生总是工作到很晚才回家，
这些菜就是不错的夜宵。
要是想喝点小酒，也是很好的下酒菜。
最近，我和女儿睡得早，
所以总会做一些先生爱吃的菜预备在冰箱里。

可以这样搭配… >>> 晚餐 >>>

用姜味牛肉（p.10）做成牛肉盖饭
梅香莲藕（p.54）、萝卜味噌汤做配菜

酱汁肉末

食材（4～5 人份）

牛肉末（或猪牛混合肉末）—— 300 克

A
- 浓口酱汁 —— 3 大勺
- 酱油 —— 1 大勺

做法

1　平底锅烧热后，倒入肉末用中火翻炒。

2　当肉末开始变色时，用锅铲打散，倒入调味料 A，翻炒至汤汁收干。

Memo

酱汁肉末冷却后放入容器内，可以在冰箱中冷藏保存一周左右。浓口酱汁可以按照个人喜好，选择炸猪排酱汁或伍斯特沙司[①]等。如果用了辣一点的伍斯特沙司，建议适当加些砂糖，口感会更好。吃之前稍微加热一下，便可盛在米饭上、铺在烤面包片上或填入三明治中，做沙拉的配料也很美味。

① Worcester sauce，也称英国辣酱油，一种英国调味料，味道酸甜微辣，主要用于肉类和鱼类的调味。

肉末高菜

食材（4 ~ 5 人份）

猪肉末 —— 300 克

腌高菜[①] —— 60 克

A
- 味噌[②] —— 1½ 大勺
- 酒 —— 2 大勺
- 砂糖 —— 1 大勺
- 酱油 —— 2 小勺

色拉油 —— 1 小勺

做法

1　将腌高菜放在水中浸泡 10 ~ 15 分钟，洗去多余盐分。试尝一下咸度是否合适，再捞出切碎。

2　在平底锅中倒入色拉油，放入猪肉末中火翻炒，用锅铲尽量打散。将挤干水分的高菜末倒入锅中一起翻炒，淋入调味料 A，炒至入味即可。

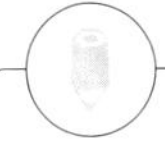

Memo　肉末高菜冷却后放入容器内，可在冰箱里冷藏保存 5 天左右。吃之前加热一下，就能搭配米饭或拉面。此外，它还能用作炒乌冬面、炒饭或炒蔬菜的配料。

①原产于中国，引入日本后被称为“中国野菜”，可以与鱼、肉类食材搭配料理。

②以黄豆为主要原料，加入盐及不同的种麴发酵而成。在日本，味噌是最受欢迎的调味料之一，既能做汤，又能给肉类调味，还可做火锅锅底。

姜味牛肉

食材（5 ~ 6 人份）

薄牛肉片 —— 500 克
生姜 —— 1 大块
A ｛ 酱油、砂糖、酒 —— 各 1/4 杯
牛油 —— 1 块

做法

1　将薄牛肉片切成 1 ~ 2 厘米的小片，生姜去皮后切成丝。

2　在深炒锅或汤锅内放入牛油，小火加热，融化后调至中火，倒入肉片轻轻翻炒至变色，然后加入生姜丝和调味料 A，炒至收汁。

Memo　姜味牛肉冷却后放入容器内，可在冰箱里冷藏保存一周左右。吃之前加热一下，就可以直接盛在米饭上。与洋葱一起炒，还可以做成牛肉盖饭。此外，把它当作三明治、炒鸡蛋、杂煮饭、沙拉、乌冬面、咖喱饭或奶油炖菜中的配菜也不错。

清炖牛筋

食材（5 ~ 6 人份）

牛筋肉 —— 500 克

酒 —— 1½ 杯

盐 —— 1 小勺

做法

1　将牛筋肉放入锅中，倒入足量的水，中火煮开之后，捞出并清洗掉牛筋肉表面的血沫。

2　把焯好的牛筋肉切成大片，倒入酒和没过食材的水，开盖煮沸后盖上锅盖，调至中小火再煮 40 ~ 50 分钟（其间如果汤汁快要溢出，可以半掩锅盖；如果汤汁过少就再加一些水，保证肉块浸没在汤汁中）。

3　牛筋肉软烂后，加一些盐调味，再煮 5 分钟即可。

Memo

清炖牛筋冷却后放入容器内，可以在冰箱里冷藏保存一周左右。除了用盐水，还可以用酱油配砂糖或味噌炖煮牛筋肉。上桌前，最好撒一些葱花和辣椒粉调味。用清炖牛筋还可以做成咖喱牛筋。

味噌鸡肉

食材（4 ~ 5 人份）

鸡肉末 —— 300 克

洋葱 —— 1/2 个

大葱 —— 10 厘米

味噌 —— 2 大勺

做法

1　将洋葱和大葱切成丁，与鸡肉末和味噌一起放在料理盆中拌匀。

2　拌好后，盛入耐热容器（20 厘米 ×15 厘米 ×4 厘米）中摊平，放入已预热至 180℃的烤箱中烘烤 40 ~ 45 分钟。在烤箱中冷却后，端出并切成块。

Memo

味噌鸡肉放入容器后可在冰箱内冷藏保存一周左右。如果用了口味偏辣的味噌，可以加些糖来调味。另外，鸡肉末中还可以加入姜末和蒜蓉，味道也不错。

柚子胡椒拌鸡皮

食材（3～4人份）

鸡皮 —— 200克

大葱（切末）—— 7～8厘米

A { 橙醋酱油① —— 2～3大勺
  柚子胡椒② —— 适量 }

做法

1　将鸡皮放入锅中，倒入足量的水，大火煮沸后调至中火，再煮20分钟，其间撇掉浮沫。

2　捞起鸡皮，晾至不烫手后切成丝，与葱末和调味料A一起拌匀。煮鸡皮的水可以当作高汤，盛到容器内保存起来。

Memo　拌鸡皮和鸡皮汤冷却后分别盛入容器中，放入冰箱里可冷藏保存5天左右。如果鸡皮汤上油脂过多，可以撇掉，或用厨房纸吸去，然后再用来煮面条或馄饨，做火锅锅底也不错。

①用酱油、酒、柠檬汁、柳橙汁等调制的调味料，可用日式酱油加柠檬汁代替。

②把青柚皮、盐、青辣椒混合磨碎做成的日式酱料。

酱煮鸡肝

食材（4 ~ 5 人份）

鸡肝 —— 300 克

生姜 —— 一小块

酒 —— 2 大勺

A
- 浓口酱汁（或伍斯特沙司）—— 3 大勺
- 砂糖、醋 —— 各 1 大勺

做法

1　将鸡肝冲洗干净，切成小块，放在冷水中浸泡 10 分钟左右，充分清除血沫。生姜带皮切成薄片。

2　锅中加水烧热后，倒入酒，放入鸡肝快速焯一下马上捞出。

3　另起锅，倒入半杯水，加入调味料 A 与姜片一起煮沸后，放入鸡肝煮 5 分钟。盛出静置冷却，使鸡肝更加入味。

Memo

鸡肝连同酱汁一起盛入容器中，可以在冰箱内冷藏保存 5 天左右。食用时，切一些姜丝撒在上面，无论是搭配米饭还是作为下酒菜，都非常可口。此外，煮鸡肝时不妨放几个熟鸡蛋同煮，别有风味。

日式香肠酱

食材（4 ~ 5 人份）

香肠 —— 200 克
鲜蛋黄 —— 1 个
面包糠 —— 2 大勺
鲜奶油 —— 1/2 ~ 1 杯

做法

1　将香肠切成 1 厘米长的小段，与鲜蛋黄、面包糠、一半量的鲜奶油一起倒入料理机中搅拌。

2　搅拌成糊状后，一边逐次加入剩下的奶油，一边不停搅拌，直至呈柔滑的酱料即可。

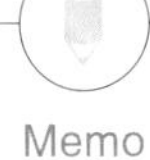

Memo

香肠酱盛入容器后，可在冰箱内冷藏保存 2 ~ 3 天。我经常把它夹在热狗里，再配上几片黄瓜，做成女儿的小零食。蘸蔬菜吃味道也不错。做香肠酱时，加入大葱、大蒜或欧芹①也很美味。注意，因为有鲜蛋黄，所以要尽快吃完。

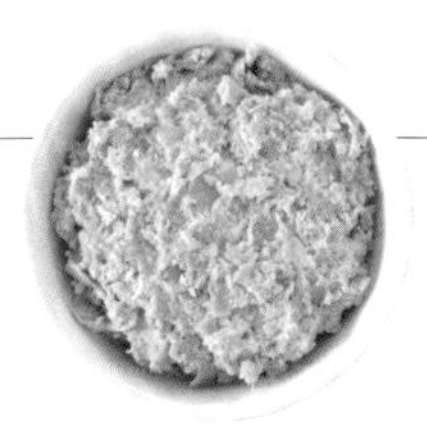

①一种香辛叶类菜，常用作西餐中的调料，可生食。

卤猪肉

食材（5 ～ 6 人份）

整块猪里脊肉 —— 300 克

整块猪五花肉 —— 300 克

盐 —— 2 大勺

酒 —— 适量

做法

1 将盐均匀地涂抹在肉块上（图 a），用保鲜膜包好后，放在冰箱内冷藏 3 ～ 4 天。

2 拿出肉块，放入锅中，倒入酒至肉块的 1/3 处，再加水没过肉块。用中火煮沸后，调成中小火再煮 30 ～ 40 分钟，边煮边撇去血沫（图 b）。关火后让肉块浸在汤汁中冷却，再刮掉表面的白色油脂。

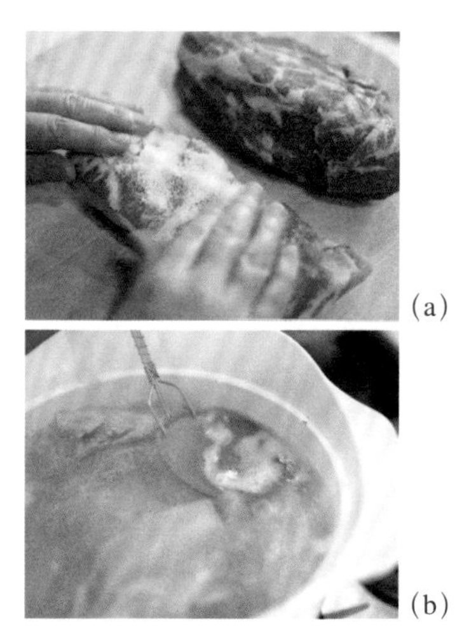

(a)

(b)

Memo

将猪肉连同汤汁一起盛到容器内，放入冰箱中可冷藏保存一周左右。用刮下来的猪油炒菜，菜肴会油润可口。此外，卤好的猪肉可以和生蔬菜一起凉拌，也可以加些姜丝、酱油腌蒜（p.26）、绿紫苏一起拌着吃，还可以与韩国泡菜搭配，或者作为三明治、炒菜的配料。汤汁可用来煮乌冬面、素面、做咖喱，风味俱佳。

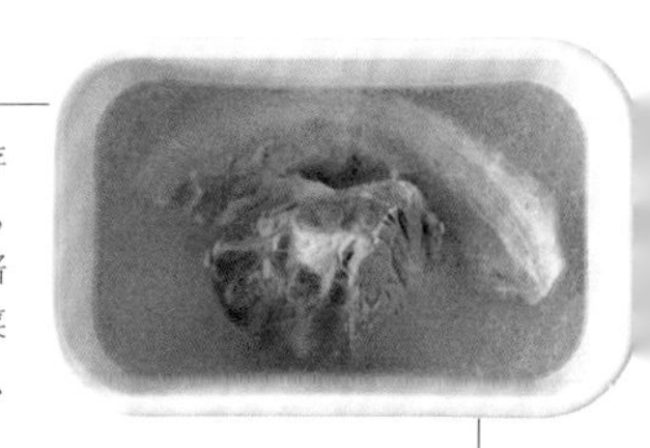

猪肉乌冬面

食材和做法（1 人份）

①将两杯卤猪肉的汤汁倒入锅中，煮沸后撒入少许盐调味。

②放入 1 人份的乌冬面，煮熟后盛在碗内。切几片卤猪肉放在面上，再撒些葱白，一碗猪肉乌冬面就可以上桌了。

法式肉酱

食材（7 ~ 8 人份）

整块猪五花肉 —— 200 克
整块猪里脊肉 —— 200 克
洋葱 —— 1 个
胡萝卜 —— 1 根
大蒜 —— 3 ~ 4 瓣
月桂叶 —— 5 ~ 6 片
白葡萄酒 —— 1 瓶（750 毫升）
盐 —— 1 ~ 2 小勺

(a)

(b)

做法

1　将猪肉与洋葱都切成小丁，胡萝卜削皮后切成片。

2　切好的食材倒入大料理盆中，加入大蒜、月桂叶，倒入没过食材的白葡萄酒（图 a），用保鲜膜封好，放在冰箱内腌制一夜（约 8 个小时）。

3　从冰箱内取出食材后，放在常温下静置一段时间回温，然后连同汤汁一起倒入锅中。开盖煮沸后，再盖上锅盖，调至中小火继续焖煮 2 小时。

4　待汤汁快收干、肉软烂后，夹出月桂叶，趁热用叉子将食材碾成泥（图 b）。撒些盐调味，然后盛入容器中。待完全冷却后放进冰箱冷藏 1 ~ 2 小时，油脂变成白色即可。

Memo

法式肉酱在冰箱内可以冷藏保存一周左右。这是法国的传统菜肴，我在一家法国餐厅品尝过后便念念不忘。需要注意的是，肉和蔬菜要趁热碾碎。用这种酱搭配法棍面包、烤吐司、蔬菜或煮鸡蛋都非常好吃，包在煎蛋卷或日式可乐饼里也不错。

法式肉酱盖饭

食材和做法（2 人份）

①盛一碗热米饭，盖上 2 大勺法式肉酱，再淋些酱油。随着肉酱中的油脂在热气中渐渐融化，米饭也变得越来越美味。

鲑鱼松

食材（5 ~ 6 人份）

鲑鱼块 —— 4 块

淡口酱油、酒、味醂[①] —— 少许

做法

1　将鲑鱼块放进锅中两面煎熟后去掉鱼皮和鱼刺。

2　处理好的鲑鱼肉倒入料理机内打成碎末，再加入调味料拌匀即可。

Memo

鲑鱼松可以在冰箱内冷藏 10 天左右。一碗热米饭配 2 大勺鲑鱼松就成了美味的鲑鱼拌饭。做饭团、日式茶泡饭、土豆沙拉或日式煎蛋卷时，都可以加入鲑鱼松。另外，与蛋黄酱拌匀后抹在面包或咸饼干上吃也很美味。

①一种类似于米酒的调味料，甘甜且富含酒香，能够有效去除食物的腥味。

蛋黄酱拌金枪鱼

食材（4～5人份）

金枪鱼罐头 —— 1罐（175克）

酱油、砂糖 —— 各1小勺

蛋黄酱 —— 2～3大勺

做法

1 把金枪鱼肉和罐头汁一起倒入锅中，中小火轻轻翻炒至汁水收干。

2 倒入酱油和砂糖，简单翻炒几下再关火，稍微冷却后，加入蛋黄酱搅拌均匀。

Memo

将完全冷却的蛋黄酱拌金枪鱼盛入容器内，可在冰箱里冷藏保存一周左右。用来拌饭或者做饭团，只需1大勺。盛在米饭上，即使没有别的菜也很下饭。它不仅可以作为卷寿司的配料，而且与寿司饭、面包、咸饼干、蔬菜、煮鸡蛋、土豆沙拉、通心粉沙拉、日式可乐饼搭配都不错。

腌小竹荚鱼

食材（4 ~ 5 人份）

小竹荚鱼 —— 20 条（400 克）

洋葱 —— 1 个

A
- 醋 —— 1/4 杯
- 砂糖 —— 3 大勺
- 酱油 —— 1 小勺
- 盐 —— 1/4 小勺
- 小红辣椒（切丁）—— 1 根

淀粉、色拉油 —— 适量

做法

1　洋葱切成细丝，铺在浅底容器中，倒入调味料 A，充分拌匀。

2　小竹荚鱼去除内脏，冲洗干净后沥干水分，然后放在淀粉里轻轻裹一层淀粉。

3　将裹了淀粉的鱼肉用 170℃的油快速炸一下，然后放入腌好的洋葱上，拌好后，静置 10 分钟左右，吃之前再拌一下即可。

Memo

腌小竹荚鱼冷却后放入冰箱内，可冷藏保存 4 天左右，夹在法棍面包或硬一些的面包片里吃，非常可口。

竹荚鱼酱

食材（3 ~ 4 人份）

竹荚鱼（沿着鱼骨撕下整片鱼肉）

—— 3 条（300 克）

A
- 绿紫苏叶 —— 10 片
- 大葱 —— 5 ~ 6 厘米
- 生姜 —— 1 块
- 甜味小辣椒 —— 4 根
- 茗荷① —— 1 个

味噌 —— 2 大勺

酱油 —— 少许

做法

1　剔掉竹荚鱼的刺和皮，将鱼肉切成丁。A 组食材也全部切成丁。

2　将所有食材拌匀后剁碎。加入味噌和酱油后，继续剁成酱即可。

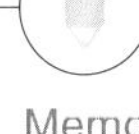

Memo

竹荚鱼酱可在冰箱内冷藏保存 2 ~ 3 天。既可以拌饭吃，也可以作为下酒菜，还可以用油煎成小饼，或者直接放在锡纸上烘烤。此外，加些淀粉做成鱼丸煮汤也很美味。

①又称野姜，可凉拌或炒食，也可酱腌或盐渍。

梅子生姜煮沙丁鱼

食材（4 ~ 5 人份）

小沙丁鱼 —— 20 条（400 克）
生姜 —— 2 块
海带 —— 2 片（5 厘米长）
腌梅干 —— 2 颗

A
- 醋 —— 3 ~ 4 大勺
- 砂糖 —— 3 大勺
- 酱油 —— 2 大勺

做法

1　去掉沙丁鱼的头、内脏和背鳍，洗净后沥干水分。生姜去皮，切成细丝。

2　锅内倒入半杯水，将擦干净的海带和调味料 A 倒入锅中煮沸，放入沙丁鱼。当锅内再次沸腾时，把腌梅干切碎，放入锅中。将烤纸裁成圆形，盖在食材上，调至中小火，再煮 10 分钟左右。

3　汤汁变黏稠时关火，冷却后加入姜丝拌一下即可。

Memo　梅子生姜煮沙丁鱼可在冰箱内冷藏保存一周左右，加点萝卜泥拌着吃也很美味。

姜汁鲣鱼

食材（4 ~ 5 人份）

鲣鱼肉 —— 1 块（200 克）

生姜 —— 1 块

盐 —— 1/2 小勺

A { 酱油 —— 1/4 杯
  味醂、酒 —— 各 2 大勺 }

做法

1　将鲣鱼肉切成 2 ~ 3 厘米见方的小块，撒上盐腌制 10 分钟左右。生姜带皮切成薄片。

2　用热水快速焯一下鲣鱼肉，捞起后用冷水冲洗干净，再沥干多余水分。

3　把调味料 A 和生姜放小锅内，煮沸后倒入鲣鱼肉，中小火煮至收汁即可。

Memo

姜汁鲣鱼可在冰箱内冷藏保存一周左右。这道菜有一个特点，做好之后会觉得分量变少了，虽然鱼肉缩水了很多，但味道非常浓郁，甚至一块鱼肉就可以配一碗米饭。此外，姜汁鲣鱼作为夏天的茶泡饭配料也非常理想。

生拌金枪鱼

食材（4 ~ 5 人份）

金枪鱼肉 —— 1 块（200 克）

洋葱 —— 1/2 个

酱油腌蒜（或普通大蒜）—— 1 瓣

A
- 腌蒜的酱油（或普通酱油）、味醂 —— 各 2 大勺
- 芝麻油 —— 1 大勺

做法

1　将金枪鱼肉切成小块，洋葱切成细丝，酱油腌蒜切成薄片。

2　将所有食材和调味料 A 倒入料理盆中拌匀，腌制 30 分钟即可。

Memo

生拌金枪鱼可在冰箱内冷藏保存 2 ~ 3 天。酱油腌蒜的做法：将剥皮后的蒜瓣放入瓶中，倒入酱油腌制。它可以当作沙拉调料或炒菜调料。这种生拌鱼肉有夏威夷当地菜的风味，既可以搭配裙带菜，也可以和各种蔬菜拌在一起做成沙拉。

酱油腌蒜

盐渍鱿鱼

食材（4 ~ 5 人份）

鱿鱼 —— 1 条

盐 —— 1 小勺

做法

1　去除鱿鱼的内脏和软骨（不要弄破内脏和墨囊），切掉鱿鱼须（鱿鱼须可做成其他菜）。

2　剥掉鱿鱼身体和足片上的皮，将鱿鱼肉切成 4 ~ 5 厘米长的细条。

3　把鱿鱼内脏与鱿鱼肉加盐拌匀后，放在冰箱内冷藏一晚。

Memo

盐渍鱿鱼放在冰箱内可冷藏 3 天左右。做这道菜一定要选新鲜的鱿鱼，因为内脏会富有弹性，加一点柚皮丝味道更清爽，或者把它放在蒸熟的土豆泥上、做成简单的炒菜，都很好吃。切下来的鱿鱼须，既可以与黄油或酱油同炒，也可以烤一下撒上盐和辣椒粉吃。

山椒小鱼干

食材（4 ～ 5 人份）

小鱼干（或小沙丁鱼干）—— 1 杯

市售佃煮山椒①（或酱油腌山椒）

—— 1 ～ 2 大勺

淡口酱油、酒、味醂 —— 少许

做法

1 小鱼干和山椒一起下锅，用中小火不间断地翻炒。

2 把小鱼干炒酥脆之后，倒入调味料拌匀即可。

Memo

山椒小鱼干可在冰箱内冷藏保存一周左右，用来做盖饭或寿司都很好吃。还可以当作日式茶泡饭的配料，和豆腐一起烹调或是与沙拉搭配。我家每年都会用酱油腌制新鲜的山椒，用来制作这道菜。注意，市售的佃煮山椒大多口味偏重，要试尝一下再决定用量。

①佃煮指一种用砂糖和酱油炖煮食材的烹饪方法。山椒果实形如绿豆，既是一味药材，也是一种调味品，味道香辣。日本料理常用到山椒，称为“日本辣椒”。

辣炒小鱼干

食材（4～5人份）

小鱼干 —— 1杯

青辣椒 —— 1～2根

甜味小辣椒 —— 6～8根（可用3～4青辣椒代替）

A
- 出汁 —— 1/4杯
- 酒 —— 2大勺
- 酱油、味醂 —— 各1大勺

色拉油 —— 1小勺

做法

1 青辣椒去蒂去籽，切成圈。甜味小辣椒去蒂。

2 锅内倒入色拉油，放入小鱼干和两种辣椒，用中火翻炒，让食材充分沾油。加入调味料A，翻炒至收汁即可。

Memo 辣炒小鱼干冷却后放入冰箱内冷藏，可保存一周左右。可以根据个人喜好调整两种辣椒的比例：如果怕辣，就只放甜味小辣椒；如果感觉青辣椒不太辣，也可以只放青辣椒。

明太鱼子炒魔芋丝

食材（4～5人份）

明太鱼子 —— 120克

魔芋丝 —— 1袋（200克）

淡口酱油、味醂 —— 少许

做法

1 将明太鱼子切成1厘米长的段。魔芋丝用热水焯一下，切成小段。

2 将鱼子放入锅中，中小火翻炒至水分蒸发，倒入魔芋丝，炒至均匀地粘满鱼子后，淋入淡口酱油和味醂调味后盛出。

Memo 明太鱼子炒魔芋丝冷却后放入冰箱内冷藏，可保存5天左右。

甜煮鱼卵

食材（4 ~ 5 人份）

明太鱼或鲷鱼的卵巢 —— 250 克

A { 酒 —— 2 大勺
淡口酱油、砂糖、味醂 —— 各 1 大勺 }

做法

1 鱼卵巢用盐水洗净，放在厨房纸上吸除多余水分，再切成 2 ~ 3 厘米长的段。

2 在锅内倒入 1 杯水，加入调味料 A，煮沸后放入鱼卵巢，用中小火煮 5 分钟，然后关火冷却。

Memo

将甜煮鱼卵连同汤汁一起盛入容器内，放入冰箱可冷藏保存 5 天左右。除了明太鱼和鲷鱼，金枪鱼、鲣鱼、鱿鱼的卵巢也可以按这样的方法料理。

第2章

时蔬类

我家开始在产地直销店购买蔬菜后，
时蔬类常备菜一下多了起来。
那儿的蔬菜既新鲜又便宜，
而且很多都是大包家庭装，
当天很难吃完，
需要做成常备菜保存起来。
好在我们全家都爱吃蔬菜，
即使餐桌上没有大鱼大肉，
大家也吃得特别香。

可以这样搭配… >>>

早餐

>>>

西红柿配蓝莓果酱（p.113）
南瓜泥（p.43）配法式浓汤
绿叶蔬菜沙拉配法式沙拉汁（p.125）

明太鱼子沙拉

食材（4 ~ 5 人份）

土豆 —— 4 个（400 克）

明太鱼子 —— 120 克

鲜奶油 —— 1/2 杯

盐 —— 少许

做法

1　土豆洗干净，放在水中煮熟，捞出后趁热去皮并捣成泥。

2　明太鱼子切成 1 厘米长的小段。

3　把土豆泥和明太鱼子倒入料理盆内，一边搅拌，一边逐量加入鲜奶油。最后撒少许盐调味。

Memo

明太鱼子沙拉冷却后放入冰箱内，可冷藏保存 3 天左右。这道沙拉可以搭配鱼、肉类菜肴，或者搭配面包享用。加点蒜蓉或续随子①，就是不错的下酒菜。

①又称刺山柑，其种子可逐水消肿、镇痛抗炎。

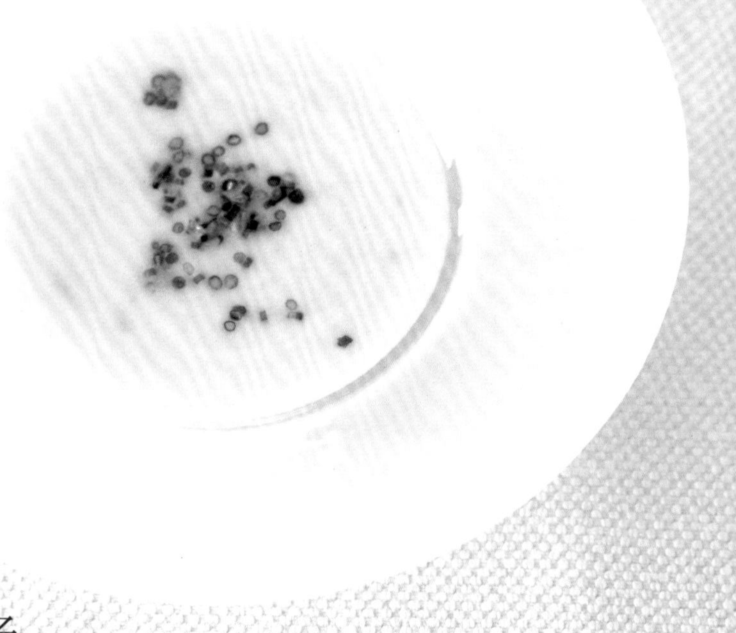

基础土豆汤

食材（4 人份，约 3½ 杯）

土豆 —— 4 个（400 克）

洋葱 —— 1/2 个

盐 —— 1/4 小勺

黄油 —— 2 大勺

做法

1　土豆削皮后切成薄片，洋葱也切成薄片。

2　平底锅中放入黄油，加热融化后倒入洋葱，用中火翻炒至变软，倒入土豆继续翻炒。然后加入快要没过食材的水，煮到土豆变软。

3　捞出土豆和洋葱，稍微冷却一下，倒入料理机内打成糊，然后撒些盐调味。

Memo

基础土豆汤冷却后放入冰箱内可保存 3 天左右。如果要做成浓汤，以 1 人份为例，先盛出 3/4 杯土豆汤底，再搭配 1/2 杯牛奶，通过牛奶的用量调节汤的浓度，最后撒些盐和葱花。基础土豆汤冷藏变硬后，可以直接夹在面包里吃。如果想做成土豆泥，只需要加热一下，放些黄油和牛奶就可以了。

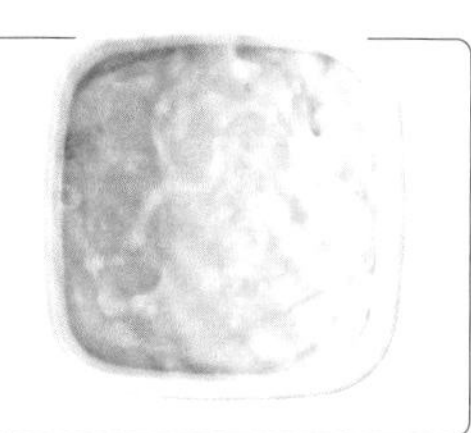

甜煮胡萝卜

食材（3 ~ 4 人份）

胡萝卜 —— 2 根

A
- 黄油 —— 2 大勺
- 砂糖 —— 2 小勺
- 盐 —— 少许

做法

1　胡萝卜削皮后，切成 1 厘米厚的圆片，削去边缘的棱角，使胡萝卜片变得圆润一些。

2　把胡萝卜片和调味料 A 一起倒入锅中，加入快要没过胡萝卜片的清水，开火煮沸后调成中小火，煮到胡萝卜变软，汤汁收干即可。

Memo

甜煮胡萝卜冷却后放入冰箱内冷藏，可保存 5 天左右。一般情况下，汤汁耗干时胡萝卜正好变软，如果还是觉得有点硬，可以适当再加一些水。此外，在汤汁即将耗干时，建议多晃动几下汤锅，以免粘锅。这道菜既可以放在便当中，也可以加入牛奶倒进料理机中打成牛奶胡萝卜浓汤。

法式胡萝卜沙拉

食材（5 ~ 6 人份）

胡萝卜 —— 3 根

葡萄干 —— 2 大勺

盐 —— 1/2 小勺

法式沙拉汁 (p.125) —— 1/4 杯

做法

1　胡萝卜削皮，切成 4 ~ 5 厘米长的细丝，撒上盐后充分拌匀，腌至稍稍变软。葡萄干切成粗粒。

2　胡萝卜腌好后，先沥干多余水分再倒入料理盆中，加入葡萄干和法式沙拉汁搅拌均匀，静置 30 分钟入味。

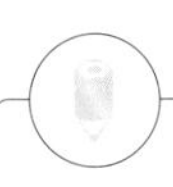

Memo

法式胡萝卜沙拉放入冰箱内可冷藏保存 5 天左右，无论是夹在面包里做成三明治，还是作为炸鸡块或炸鱼的配菜都很棒。

卷心菜炖油豆腐

食材（3 ~ 4 人份）

卷心菜 —— 1/4 个

油豆腐 —— 1 块

A
- 出汁 —— 2 杯
- 淡口酱油 —— 2 小勺
- 盐 —— 1 小勺

做法

1 将卷心菜和油豆腐切成小块。

2 锅内倒入调味料 A，煮开后放入卷心菜和油豆腐，用中火继续煮 7 ~ 8 分钟，关火冷却后放至入味。

Memo

将卷心菜炖油豆腐盛入容器内，可在冰箱里冷藏保存 3 天左右。切一些生姜丝撒在上面可以让味道更丰富，炖煮时还可以加些腌梅干，味道也不错。

醋渍卷心菜

食材（5 ~ 6 人份）

卷心菜 —— 1/2 个

盐 —— 1 小勺

A
- 醋 —— 1/2 杯
- 砂糖 —— 2 ~ 3 大勺
- 浓汤宝 —— 1/2 块

小茴香（或孜然、月桂叶）—— 少许

做法

1 将卷心菜切成细丝，撒上盐，拌匀后腌至变软。

2 锅内倒入一杯水，烧开后放入调味料 A 再次煮开，趁热和小茴香一起倒入容器内。将腌好的卷心菜过水，沥除多余水分后放入容器内拌匀，腌制 20 分钟。

Memo

醋渍卷心菜冷却后与调味汁一起放入冰箱内冷藏，可保存 5 天左右。可以按个人喜好，加一点其他香料提味。用调味汁来炒卷心菜也很美味。

芝麻油西蓝花

食材（3 ~ 4 人份）

西蓝花 —— 1 棵

盐 —— 1 小勺

芝麻油 —— 1 大勺

做法

1　将整棵西蓝花分成小朵，削去茎部表皮，再切成小块。

2　锅内烧开水后加入盐，放入西蓝花，煮沸后以画圈的方式淋入芝麻油，待西蓝花熟后捞出，静置冷却。

Memo

芝麻油西蓝花可在冰箱内冷藏保存 3 天左右。芝麻油的香味很好地中和了西蓝花的味道，其他十字花科蔬菜（如萝卜、白菜等）也可以这样料理。

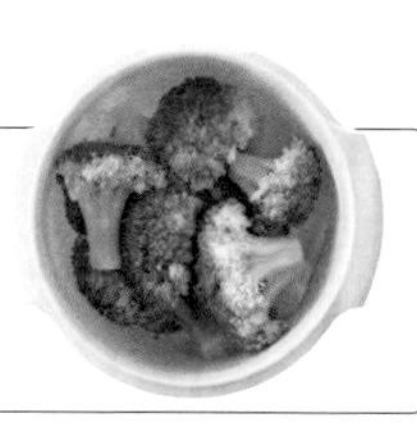

西蓝花奶油酱

食材（4 ~ 5 人份）

西蓝花 —— 1 棵
洋葱（切末）—— 半个
大蒜（切末）—— 1 瓣
鲜奶油 —— 1/2 ~ 1 杯
盐 —— 1/4 ~ 1/2 小勺
橄榄油 —— 3 大勺

做法

1 将整棵西蓝花分成几朵，削去茎部表皮，再切成小块。锅内烧开水后先加入少许盐，再倒入西蓝花，煮软后捞出，用料理机打成泥。

2 汤锅里倒入橄榄油，撒入蒜末，用中小火炒出香味后，加入洋葱末，炒至透明后倒入西蓝花泥翻炒。最后加入鲜奶油，煮成糊后加一些盐调味。

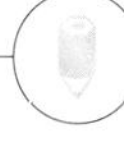

Memo

西蓝花奶油酱冷却后放入冰箱内冷藏，可保存 5 天左右。以 1 人份的意大利面为例，加入 1/4 杯的西蓝花奶油酱，再用盐调味即可。此外，它还可以搭配土豆或面包食用。

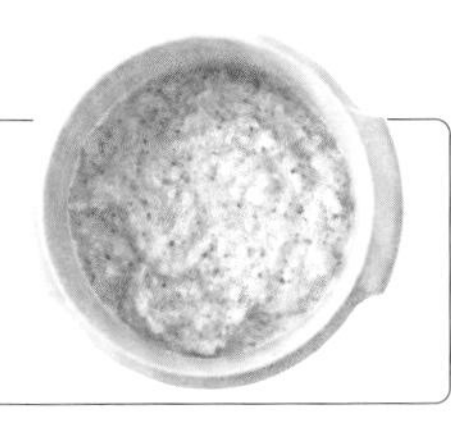

甜煮南瓜

食材（2 ~ 3 人份）

南瓜 —— 1/4 个

A { 砂糖 —— 2 小勺
  盐 —— 1/4 小勺 }

做法

1 南瓜去籽去瓤，切成小块，削去棱角。

2 将南瓜块倒入锅中，加入调味料 A，倒入没过南瓜的水，用中火煮沸后，调成小火煮至南瓜可以用竹签穿透，关火冷却。

Memo

甜煮南瓜可在冰箱内冷藏保存 3 天左右，我喜欢加热后拌一点黄油吃。南瓜还可以捣碎后加入葡萄干、乳酪和蛋黄酱做成沙拉，我常把它当作女儿的辅食。

南瓜泥

食材（2～3人份，约3½杯）

南瓜 —— 1/4个

洋葱 —— 1个

黄油 —— 2大勺

做法

1　南瓜去皮去瓤，切成小块。洋葱切成薄片。

2　将黄油放入锅中加热融化，倒入洋葱用中火炒至透明，再加入南瓜炒一下，倒入即将没过南瓜的水，将南瓜煮软。

3　冷却至不烫手后，倒入料理机打成泥。

Memo

南瓜泥冷却后放入冰箱内冷藏，可保存5天左右。南瓜泥与烤面包片搭配很好吃，可将它与日式香肠酱（p.15）一起涂在烤面包片上吃。加入牛奶或豆浆，做成浓汤也很棒。存放时间久了南瓜泥容易变硬，可以做成炸成南瓜饼。

农家煮茄子

食材（3 ~ 4 人份）

小茄子 —— 5 根

A { 砂糖 —— 1 大勺 / 酱油 —— 2 大勺 }

芝麻油 —— 1½ 大勺

做法

1　茄子去蒂，竖切成两半，每一半切成连刀片后，再对半斩成两段。放入水中浸泡 5 分钟左右，捞出并沥除多余水分。

2　将芝麻油倒入锅中加热，放入茄子翻炒，使芝麻油浸入茄子，再加入调味料 A，倒入即将没过茄子的水，盖上小一号的锅盖或一张烤纸，用中小火焖至收汁后，关火冷却。

Memo

农家煮茄子可在冰箱内冷藏保存 3 天左右。煮茄子时可以加入一些红辣椒调味，还可以撒上小鱼干或萝卜泥一起食用。

麻酱茄子

食材（3～4人份）

小茄子 —— 5根

出汁 —— 适量

A { 酱油 —— 1½～2大勺
  味醂 —— 1大勺 }

白芝麻酱、白芝麻粉 —— 各1大勺

做法

1　茄子去蒂，将外皮削成条纹状，再切成2厘米厚的圆块，放入水中浸泡5分钟。

2　将茄子和调味料A放入锅内，再加入快要没过茄子的出汁，用中大火煮沸后，调成中火，半掩锅盖继续炖煮。

3　待汤汁减少至1/3时，倒入芝麻酱和芝麻粉，煮至汤汁黏稠、芝麻均匀地沾在茄子上，关火。

Memo

麻酱茄子冷却后放入冰箱内冷藏，可保存3天左右。用蘸面汁（p.122）煮一下，撒上芝麻拌匀也很香。

茄子塔塔酱

食材（3 ~ 4 人份）

小茄子 —— 5 根

续随子 —— 2 大勺

大蒜 —— 1/2 瓣

A { 橄榄油 —— 1 ~ 2 小勺
盐 —— 1/2 小勺 }

热油 —— 适量

做法

1　茄子去蒂，竖切成两半，在茄子肉上划出方格，放入水中浸泡 5 分钟。续随子切碎，大蒜磨成蒜蓉。

2　捞出茄子，沥除多余水分，放入 180℃的油锅中炸熟。

3　捞出茄子控油，用勺子刮出中间的茄肉，剁碎后再加入续随子、蒜蓉和调味料 A，继续剁成酱即可。

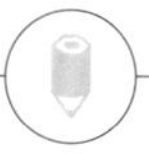

Memo

茄子塔塔酱冷却后放入冰箱内冷藏，可保存 3 天左右。做下酒菜时，可以撒一些黑胡椒提味，还可以将它抹在面包上，或者拌在意大利面里，作为煎鱼、煎肉的蘸酱也不错。

炒青椒丝

食材（4 ~ 5 人份）

小青椒 —— 10 个

盐 —— 1/4 小勺

酱油、味醂 —— 各 1 大勺

色拉油 —— 1 大勺

做法

1　青椒去蒂、去籽，切成细丝。

2　在平底锅中倒入色拉油，加热后放入青椒丝，撒少许盐，用中火翻炒。待青椒丝有些变软时，倒入酱油和味醂调味炒匀即可。

Memo

炒青椒丝冷却后放入冰箱内冷藏，可保存 3 天左右。在青椒丝上撒些黑芝麻、木鱼花，或者辣椒粉都很好吃，用蘸面汁（p.122）或口味略淡一些的伍斯特沙司调味也不错。

酱香脆瓜

食材（7 ~ 8 人份）

黄瓜 —— 8 根

醋、砂糖、酱油 —— 各 1/3 杯

做法

1 黄瓜斜切成 2 厘米厚的块。

2 将所有调味料倒入锅中（建议用锅壁较薄的锅），中火煮开后，倒入黄瓜，再次煮沸后关火，连锅一起放在冷水中。

3 晾至不烫手后，再次用中火烧开锅，然后放入冷水里冷却。如此反复 4 ~ 5 次后，黄瓜的皮会变皱，也会明显上色。最后将黄瓜盛进容器，彻底冷却后放进冰箱。

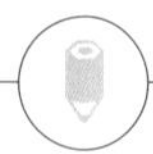

Memo

将黄瓜连同调味汁一起盛到容器内冷藏，可保存 5 天左右。如果想加点辣味，可以撒一些辣椒粉，或放入一根辣椒与黄瓜同煮。

腌黄瓜

食材（4 ~ 5 人份）

黄瓜 —— 5 根

粗盐 —— 2 ~ 2½ 小勺

海带 —— 2 ~ 3 片（5 厘米长）

做法

切掉黄瓜两端，将外皮削成条纹状。撒上盐，与海带一起放入保鲜袋中密封一夜即可。放入冰箱冷藏可以保存 3 天左右。

味噌黄瓜

食材（2 ~ 3 人份）

黄瓜 —— 2 根

盐 —— 1/2 小勺

A { 味噌、砂糖、味醂 —— 各 1 大勺

做法

切掉黄瓜两端，再按照做蓑衣黄瓜的刀法处理黄瓜。撒上盐，待黄瓜变软之后，切成 3 厘米长的段。沥去多余水分，加入调味料 A 腌制 30 分钟即可。放入冰箱冷藏可以保存 3 天左右。

蒜味黄瓜

食材（4 ~ 5 人份）

黄瓜 —— 5 根

盐 —— 1 小勺

A {
泰国鱼露 —— 3 大勺
砂糖 —— 1 大勺
大蒜（切片）—— 1 瓣
青辣椒（切碎）—— 1 根
}

水 —— 1 杯

做法

将整根黄瓜抹上盐，放在案板上按压滚动几下，静置 10 分钟。用擀面杖敲裂黄瓜，再切成 3 ~ 4 厘米长的段，连同调味料 A 和水一起放入容器内，密封后腌制半天即可。放入冰箱冷藏可以保存 5 天左右。

什锦蔬菜丁

食材（4 ~ 5 人份）

小茄子 —— 1 根
黄瓜 —— 1 根
秋葵 —— 3 根
金针菇 —— 1 小袋
腌咸菜（或者奈良腌菜①、腌萝卜等）
—— 150 克
茗荷 —— 1 个
青辣椒 —— 1 根
盐 —— 1/2 小勺

做法

1 茄子和黄瓜去蒂，切成 5 毫米见方的小丁，茄子放在水中浸泡 5 分钟，捞出后与黄瓜丁一起，撒上 1/4 小勺的盐，腌制一会儿。

2 将秋葵和金针菇焯一下水，切成 5 毫米见方的丁。腌咸菜也切成同样大小的丁。茗荷和青辣椒切成碎末。

3 将腌好的茄子和黄瓜沥干，与其他食材一起拌匀。

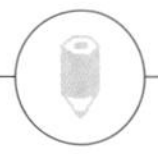

Memo

什锦蔬菜丁可放在冰箱内冷藏保存 2 天左右。这是我父母老家的当地菜，每年夏令蔬菜一上市，这道菜就会被端上餐桌。用重口味的腌咸菜来提味是这道菜的关键，而秋葵和金针菇则让这道菜的口感更加丰富。煮素面时盛出半杯，再加上 1/4 杯蘸面汁非常美味。

①将白瓜、黄瓜、生姜、西瓜等蔬果用盐腌过之后，再用酒粕长期腌制，酒粕需要不断更新。

煮金针菇

食材（4 ~ 5 人份）

金针菇 —— 2 小袋

A
- 酱油、酒 —— 各 1/4 杯
- 砂糖、味醂 —— 各 1 大勺

做法

1 金针菇去根后撕开。

2 将调味料 A 和金针菇一起倒入锅中，中火煮沸后，调成中小火，煮至收汁即可。

Memo

煮金针菇冷却后放入冰箱内冷藏，可保存一周左右。食用前可以撒一些辣椒粉调味，这种做法也适合料理其他菌菇类蔬菜。此外，用蘸面汁（p.122）煮金针菇，或者将金针菇切碎与米饭一起煮都很好吃。

芝麻拌牛蒡

食材（4 ~ 5 人份）

细牛蒡 —— 2 根（200 克）

A
- 出汁 —— 1/2 杯
- 酱油 —— 2 大勺
- 醋 —— 1 大勺
- 砂糖 —— 2 小勺

熟白芝麻 —— 1 大勺

醋、盐 —— 少许

做法

1　牛蒡洗净后，带皮切成 4 厘米长的段，放进锅中，倒入适量的醋和盐，煮 7 ~ 8 分钟后，捞出冷却。

2　用擀面杖将牛蒡轻轻敲裂，加入调味料 A 拌匀，静置半天，使牛蒡入味。

Memo

芝麻拌牛蒡可在冰箱内冷藏保存 5 天左右。越细的牛蒡越容易入味，所以建议大家尽量买较细的牛蒡。

炒牛蒡丝

食材（4 ~ 5 人份）

牛蒡 —— 2 根（400 克）

A { 酱油 —— 3 大勺
　　酒、砂糖 —— 各 1½ ~ 2 大勺 }

芝麻油 —— 1½ 大勺

做法

1　牛蒡洗净，带皮切成 4 厘米长的细丝，放入水中浸泡 5 分钟后，捞出并沥除多余水分。

2　在锅中倒入芝麻油并加热，放入牛蒡丝中火翻炒。炒软之后倒入调味料 A，炒至收汁即可。

Memo　炒牛蒡丝冷却后放入冰箱内冷藏，可保存一周左右。这道香味浓郁的菜肴非常下饭。

梅香莲藕

食材（4 ~ 5 人份）

莲藕 —— 1 节（250 克）
腌梅干 —— 2 颗
味醂 —— 2 小勺
醋、盐 —— 少许

做法

1　莲藕削皮后切成半圆形薄片，放入加了醋的水中浸泡 10 分钟，再放入加了盐的开水中焯一下，捞出后沥干。

2　去掉腌梅干的核，切碎后放入料理盆中，倒入味醂，与莲藕一起拌匀。

Memo

梅香莲藕冷却后放入冰箱内冷藏，可保存 3 天左右。用寿司醋（p.122）或法式沙拉汁（p.125）来调味也是不错的选择。

金平藕块

食材（4～5人份）

莲藕 —— 1节（250克）

A
- 酱油 —— 3大勺
- 砂糖 —— 2大勺
- 味醂 —— 1大勺

熟白芝麻 —— 1大勺

芝麻油 —— 1大勺

做法

1　莲藕削皮后竖切成2～4条，再用擀面杖敲成小碎块。

2　在汤锅或深炒锅中淋入芝麻油加热，倒入藕块翻炒。炒至表面均匀沾裹上油时，倒入调味料A继续翻炒，入味后撒上熟白芝麻拌匀。

Memo

金平藕块冷却后放入冰箱内冷藏，可保存5天左右。莲藕富含植物纤维，因此藕块越大，口感越好。把莲藕切成薄片或滚刀块也可以，还可用蘸面汁（p.122）来调味。

海带煮芋头

食材（5 ~ 6 人份）

芋头 —— 12 个

海带 —— 1 片（10 厘米长）

盐 —— 1 小勺

做法

1　芋头去皮，放入水中浸泡 10 分钟。

2　将芋头和海带一起放入锅中，加入没过食材的水。煮沸后调成中小火，半掩锅盖继续煮 15 ~ 20 分钟，直至用竹签可以穿透芋头。

3　捞出海带，加入少许盐，再将芋头稍煮一下。关火冷却，静置入味。

Memo

芋头连同汤汁一起放入冰箱内冷藏，可保存 3 天左右。无论搭配柚子皮丝还是花椒叶，或者裹上淀粉炸着吃，都很美味。

酱香芋头

食材（5～6人份）

芋头 —— 12个

盐 —— 2小勺

A
- 出汁 —— 2杯
- 酱油 —— 3大勺
- 砂糖、味醂 —— 各2大勺
- 盐 —— 少许

做法

1　将芋头削皮后均匀地抹上盐揉搓一下，放入有足量水的锅中煮熟。煮至稍微变软后，捞起芋头逐个冲洗，洗去表面黏液。

2　锅内倒入调味料A并煮沸，然后放入芋头，半掩锅盖，用小火煮至汤汁只剩一半，关火冷却。

Memo

芋头连同汤汁一起盛到容器内，可冷藏保存3天左右。在海带煮芋头中（左页），为了保留芋头的黏滑口感，我们将芋头削皮浸泡之后直接炖煮，而这道菜通过用盐揉搓和预煮一遍，去除了芋头的黏液，吃起来更清爽，并且酱油也容易上色和入味。

甜煮红薯

食材（3 ~ 4 人份）

大个红薯 —— 1 个

出汁（或水）—— 适量

砂糖、酱油 —— 各 2 大勺

做法

1　将红薯表皮削成条纹状，然后切成 2 厘米厚的片，在水中浸泡 5 分钟后捞出沥干。

2　将红薯与所有调味料都倒入锅中，再加入没过红薯的出汁，用中火煮沸，再调为中小火，半掩锅盖煮到红薯变软，最后关火冷却。

Memo

红薯连同汤汁一起盛入容器内，可在冰箱冷藏保存 5 天左右。做甜煮红薯时，还可以放入鸡肉、鱼糕一起煮。此外，加入糯米一起煮，就成了香喷喷的红薯饭了。

柠香红薯

食材（3 ～ 4 人份）

大个红薯 —— 1 个

砂糖 —— 3 大勺

柠檬片（去皮）—— 3 ～ 4 片

做法

1　红薯连皮切成 3 ～ 4 厘米长的段，再竖切成 4 等份，放入水中浸泡 5 分钟后捞出控干。

2　把红薯和砂糖一起倒入锅中，加入没过红薯的水，用中火煮至沸腾，然后调成中小火，半掩锅盖，煮熟。

3　加入柠檬片后再稍煮一下，关火冷却。

Memo　红薯连同汤汁一起放到容器内保存，可在冰箱内冷藏 5 天左右。注意，如果选用表面未打蜡的柠檬，则不需要削皮。柠檬久煮会变苦，建议最后再放入柠檬片。

茄汁什锦

食材（5～6 人份）

莲藕 —— 1 小节（150 克）
芋头 —— 4 个
牛蒡 —— 1 根（200 克）
胡萝卜 —— 1 根
大蒜 —— 1 瓣
培根 —— 3～4 片
番茄罐头 —— 1 罐（400 克）
盐 —— 1/2 小勺
橄榄油 —— 1/4 杯

做法

1　莲藕、芋头、胡萝卜洗净去皮，切成小块。牛蒡洗净后连皮切成小滚刀块。大蒜切成末，培根切成细丝。

2　将番茄罐头倒入料理盆内，用手轻轻抓碎。

3　锅内倒入橄榄油，放入大蒜，用中小火炒出蒜香后，放入培根轻轻翻炒，再倒入所有蔬菜（图 a）。

4　炒蔬菜时，倒入番茄泥（图 b），盖上锅盖焖煮 10～15 分钟，蔬菜变软之后，加盐调味。如果汤汁偏多，打开锅盖，调整火候多煮一会儿。

(a)

(b)

Memo

茄汁什锦冷却后放入冰箱，可保存 5 天左右。相对于夏季时令菜普罗旺斯杂菜烩（p.74）的柔软口感，这道用秋季根茎类蔬菜做的菜肴，既有莲藕的香脆，又有芋头的黏糯，口感非常丰富。其中培根起到了很好的调味作用，让各种蔬菜的口味相得益彰。

筑前煮[①]

食材（7～8人份）

莲藕——1小节（150克）
芋头——4个
牛蒡——1根（200克）
胡萝卜——1根
干香菇——4朵
鸡腿肉——1小块（200克）
魔芋——1块
A { 泡干香菇的水、酒——各1杯
酱油——1/4～1/3杯
砂糖——2大勺 }
色拉油——1大勺

做法

1 将干香菇放在1½杯水里浸泡一夜，捞出后切掉香菇柄，将香菇肉切成2～4等份。魔芋用开水焯一下后掰成小块。

2 莲藕削皮，切成1厘米厚的片。芋头削皮，对半切开。牛蒡洗净后连皮切成滚刀块。胡萝卜削皮，切成滚刀块。鸡肉切成小块。

3 锅中倒入色拉油加热，放入鸡肉用中火翻炒至变色后，加入其余所有食材一起翻炒。食材表面均匀沾上油后，倒入调味料A，盖上小一号的锅盖，中火炖煮（图a）。

4 食材变软之后，掀开锅盖继续炖煮，并不时晃动一下锅，防止粘锅。待汤汁仅剩一半时关火（图b）冷却。

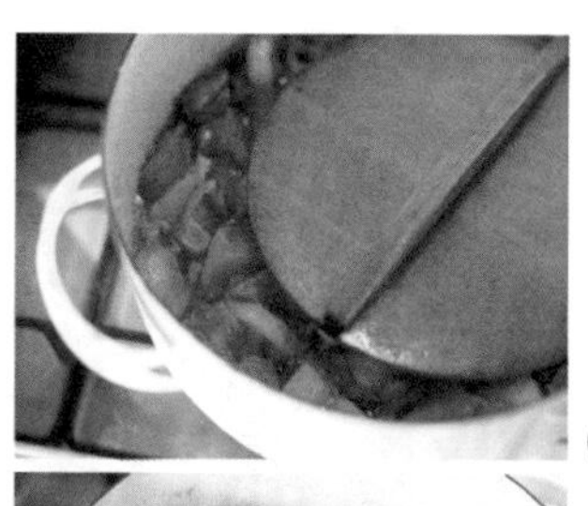
(a)

(b)

Memo

将菜肴连同汤汁一起盛入容器内，可在冰箱里冷藏保存5天左右。食用时，还可以搭配煮熟的荷兰豆或生姜丝，非常美味。

①一种将食材先炒后炖的料理方法。

萝卜泥炖炸鱼饼

食材（5 ~ 6 人份）

白萝卜 —— 1/3 根

胡萝卜 —— 1 小根

炒黄豆 —— 1/2 杯

炸鱼饼[1] —— 1 大片

酒、味醂、酱油、砂糖、醋

—— 各 1/4 杯

做法

1 将白萝卜和胡萝卜连皮用研磨板磨碎，再用滤网滤除水分。将炒黄豆脱落的皮吹掉，炸鱼饼切成 1 厘米 ×3 厘米见方的块。

2 小锅中倒入酒和味醂煮沸，让其中的酒精成分挥发。

3 在锅内倒入其余调味料及所有食材，煮沸后调成中火再炖 7 ~ 8 分钟，然后关火冷却。

Memo

萝卜泥炖炸鱼饼冷却后放入冰箱内冷藏，可保存一周左右。这道菜是日本关东地区的菜，做好之后放在冰箱内隔夜再吃，会发现味道比前一天更加清爽，黄豆也变得格外入味，非常好吃。用右图这种竹制研磨板来研磨萝卜，口感非常细腻。

竹制研磨板

①用新鲜鱼肉炸制的一种肉饼。

醋腌萝卜

食材（4～5人份）

白萝卜 —— 5厘米
芜菁 —— 2个
胡萝卜 —— 1根
大蒜（切薄片）—— 1瓣
月桂叶 —— 2～3片
寿司醋（p.122）—— 1杯
盐 —— 1小勺

做法

1 萝卜和芜菁削皮，切成圆形薄片。撒上盐，腌制10分钟。

2 捞起萝卜和芜菁片，冲洗一下，沥干多余水分后与大蒜、月桂叶一起放进容器内。倒入寿司醋，轻轻拌匀，密封腌制半天即可。

Memo

醋腌萝卜可在冰箱内冷藏保存5天左右。如果不加大蒜和月桂叶，就是日本的新年传统料理。

芝麻油萝卜叶

食材（4 ~ 5 人份）

萝卜叶 —— 取 1 根萝卜的叶片部分

A { 酱油、砂糖、味醂 —— 各 1 大勺

盐 —— 少许

熟白芝麻 —— 适量

芝麻油（或色拉油）—— 1 大勺

做法

1 将萝卜叶切成 1 厘米长的小段。

2 在深炒锅或汤锅中淋入芝麻油并加热，然后倒入萝卜叶翻炒，变软之后，淋入调味料 A，轻轻翻炒几下再加入盐调味，最后撒上白芝麻拌匀即可。

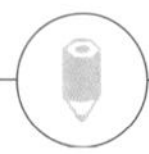

Memo

芝麻油萝卜叶冷却后放入冰箱内冷藏，可保存 5 天左右。每当我买到叶子很长的萝卜时，都会做这道菜。芜菁的叶子也可以这么做，还可以加入蘸面汁（p.122）调味。此外，加入小鱼干、腌梅干，或者将用出汁熬煮的海带切成丝与萝卜叶一起炒都可以。

凉拌白菜丝

食材（4 ~ 5 人份）

白菜 —— 1/4 棵

紫洋葱（或白洋葱）—— 1/4 个

盐 —— 1 小勺

A
- 蛋黄酱、橄榄油、白葡萄酒醋[①]（或米醋）—— 各 2 大勺
- 胡椒粉 —— 少许

做法

1　白菜切成丝，撒上 3/4 小勺盐拌匀，紫洋葱切丝，撒上 1/4 小勺盐拌匀。白菜和紫洋葱都腌制 10 分钟左右，直到变软。

2　将调味料 A 倒入料理盆内，用打蛋器不断搅拌至黏稠状。白菜丝和紫洋葱丝冲洗干净后沥除多余水分，倒入料理盆内拌匀即可。

Memo

凉拌白菜丝盛入容器后，可放在冰箱内冷藏保存 3 天左右。这个做法一般用来制作凉拌卷心菜。如果白香肠、炸鱼饼或蟹肉棒等也可以加一些。此外，蛋黄酱里还可以搭配一些法式沙拉汁（p.125），会更加可口。

①以葡萄酒为原料，用醋酸菌天然发酵而成，是做酸味菜肴时的优质调料。

芝麻油拌毛豆

食材（5 ~ 6 人份）

毛豆 —— 500 克

盐 —— 适量

芝麻油 —— 2 大勺

做法

1　用剪刀剪掉毛豆两端，撒 1 大勺盐，拌匀。

2　锅中倒入足量开水将毛豆煮熟，捞起毛豆后趁热再撒 1/2 小勺盐。最后将毛豆盛入容器内，淋上芝麻油拌匀。

Memo

芝麻油拌毛豆冷却后放入冰箱内，可保存 3 天左右，冷藏后的毛豆风味更佳，以前，我会将没吃完的煮毛豆放进冰箱，冷藏过的毛豆吃起来有些黏滑，很容易上瘾。这也是我女儿夏天的最爱。

基础玉米汤

食材（4 人份，约 3½ 杯）

熟玉米 —— 3 根

洋葱 —— 1/2 个

盐 —— 适量

黄油 —— 2 大勺

做法

1　剥下玉米粒，洋葱切成薄片。

2　锅中放入黄油，加热融化后倒入洋葱，用中火翻炒至变软后，加入玉米粒翻炒几下。然后倒入没过玉米粒的水，用中火煮软。

3　待汤稍微冷却一下，倒入料理机中打成糊，再加一些盐调味。

Memo

基础玉米汤冷却后放入冰箱内冷藏，可保存 3 天左右。这道汤也可以用市售的玉米罐头来制作。夏天正是吃玉米的季节，家里的玉米如果吃不完，我就会煮熟，剥下玉米粒冷冻起来，一有空就熬汤。用它可以很方便地做出玉米浓汤，以 1 人份为例，取 3/4 杯基础玉米汤，与 1/2 杯牛奶一起加热，加一点盐调味，再撒少许黑胡椒粉就很美味。

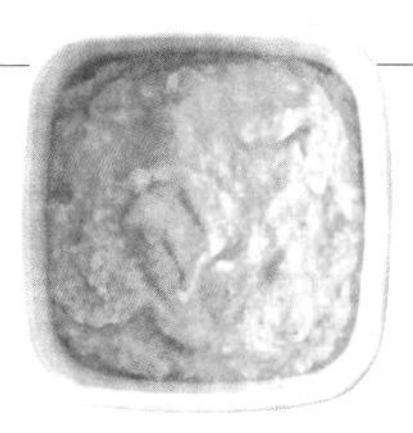

木鱼花炖四季豆

食材（4 ~ 5 人份）

四季豆 —— 30 根

A 酱油、味醂、酒 —— 各 1½ 大勺

木鱼花 —— 1 袋（5 克）

做法

1 四季豆洗净，撕掉两边的筋。

2 将四季豆倒入锅中，加入调味料 A，再倒入没过四季豆的水，中火炖煮。待汤汁变少，四季豆的皮起皱时，放入木鱼花拌匀即可。

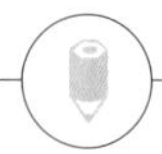

Memo

木鱼花炖四季豆冷却后放入冰箱内冷藏，可保存 5 天左右。这道菜冷藏后比刚出锅时更好吃，还可以加入蘸面汁（p.122）调味。

酱腌苦瓜

食材（4 ~ 5 人份）

苦瓜 —— 1 小根

盐 —— 1 小勺

醋、酱油 —— 各 2 大勺

做法

1 苦瓜竖切成两半，用小勺子刮掉籽和瓤，切成 5 毫米厚的片。在苦瓜上均匀地撒上盐，腌制 10 分钟，然后用热水焯一下，捞出后控除多余水分。

2 将苦瓜放入密封容器内，倒入醋、酱油拌匀。

Memo

酱腌苦瓜冷却后放入冰箱内冷藏，可保存 5 天左右。如果喜欢苦瓜的苦味，可以不焯水，直接将苦瓜用盐腌制后洗净、沥干，再加入调味料。这道菜冷藏之后风味更佳。

多彩茄子

食材（4 ~ 5 人份）

小茄子 —— 3 根

小个儿彩椒（不同颜色可以任意搭配）

—— 2 个

A { 寿司醋（p.122）—— 1/2 杯
  酱油 —— 少许

热油 —— 适量

做法

1 茄子去蒂后切成丝，放在水中浸泡 5 分钟。彩椒去籽去蒂，也切成丝。

2 捞出茄子丝和彩椒丝，沥除多余水分，放进 180℃的油锅中炸熟，控干油后，趁热加入调味料 A 拌匀。

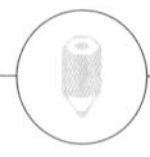

Memo

多彩茄子冷却后放入冰箱内冷藏，可保存 3 天左右。享用时可以搭配一些绿紫苏或姜丝，非常美味。

油炸什锦

食材（4～5人份）

南瓜 —— 1/8个
小茄子 —— 2根
青椒 —— 2个
四季豆 —— 6根
秋葵 —— 6根
甜味小辣椒 —— 6根
A { 蘸面汁（p.122）—— 2杯
　 大蒜（切末）—— 1瓣
热油 —— 适量

做法

1　南瓜去籽去瓤，切成1厘米厚的小块；茄子去蒂，切成小块，放在水中浸泡5分钟；青椒切成小块；四季豆去掉蒂和筋；秋葵去蒂。甜味小辣椒和秋葵用刀切一道刀口。

2　捞出茄子，沥干，放进180℃的热油中炸熟，控油后浸入调味料A中。当油温降到170℃时，放入其他蔬菜炸熟。注意，南瓜要最后炸。捞起所有蔬菜，放入调味料A中拌匀。

Memo

油炸什锦冷却后放入冰箱内冷藏，可保存5天左右。这道菜里的蒜蓉可以用姜末或腌梅干代替。油炸什锦与素面非常搭配。

普罗旺斯杂菜烩

食材（2 ~ 3 人份）

小茄子 —— 2 根
彩椒（任意颜色均可）—— 1 个
西葫芦 —— 1 根
西红柿（熟透）—— 2 个
大蒜 —— 1 瓣
盐 —— 1/2 小勺
酱油 —— 1 小勺
橄榄油 —— 4 大勺

(a)

(b)

做法

1　茄子去蒂后切成小块，放入水中浸泡 5 分钟；彩椒去蒂去籽，切成小块；西葫芦切成 1 厘米厚的片；西红柿去蒂后切成大块；大蒜切末。

2　锅内倒入橄榄油，放入大蒜，用中小火翻炒出香味、变成焦黄色后，将除西红柿以外的所有蔬菜都倒入锅内翻炒（图 a）。

3　各种蔬菜表面均匀沾上油之后，将西红柿用手捏碎放入锅内（图 b），盖上锅盖，用中小火炖煮 20 分钟。然后放入盐、酱油调味，如果汤汁过多的话，开盖用大火煮一会儿，汤汁变少后关火冷却。

Memo

将菜肴连同汤汁一起放入容器内，可在冰箱中冷藏 5 天左右。通常我会选择时令蔬菜来做这道菜。

鲜味菠菜

食材（3 ~ 4 人份）

菠菜 —— 1 把

A
- 出汁 —— 1 杯
- 淡口酱油 —— 2 小勺
- 盐 —— 1/2 小勺

做法

1 将调味料 A 倒进容器中，搅拌均匀。

2 菠菜用热水焯一下，捞出后放入凉水中冷却，控干多余水分后，将菠菜放入调味料 A 中，腌制 30 分钟。

Memo

鲜味菠菜可在冰箱内冷藏 3 天左右。菠菜需整根腌制，食用前再切开，撒一些木鱼花风味更佳。油菜、青菜、韭菜、西蓝花、西红柿（整个）、卷心菜、四季豆、芦笋等蔬菜，都可以这样料理。

盐渍油菜花

食材（3 ~ 4 人份）

油菜花 —— 1 把

盐 —— 1/3 小勺

做法

1　从根部向上剥下油菜花茎部的表皮。花朵留下，茎可以用来做别的菜。

2　将削下的皮及连着的叶子、花朵一起用热水焯一下，捞出冷却后切碎，撒上盐腌制 5 分钟，最后控出多余水分。

Memo

盐渍油菜花可以在冰箱内冷藏保存 3 天左右。以前总是做不好油菜花，后来我请教了住在老家的母亲，她告诉我油菜花茎需要削皮，我才恍然大悟。现在我已经熟练掌握了料理油菜花和茎的方法，做出的菜也更受欢迎。这道盐渍油菜花既可以拌饭，也可以搭配炖豆腐，都很好吃。

山麻竹笋

食材（4 ~ 5 人份）

水煮竹笋 —— 3 小根（350 克）

市售佃煮山椒 —— 1 大勺

A { 出汁 —— 2 ~ 2½ 杯
  酱油、味醂 —— 各 1 大勺 }

做法

1 将竹笋纵向对半切开，再切成两半。

2 将切好的竹笋和调味料 A 一起倒入锅中，煮沸后调成中小火，半掩锅盖煮 15 ~ 20 分钟。

3 撒入山椒后再煮一小会儿，如果味道太淡就加些酱油煮 5 分钟，最后关火冷却。

Memo

将竹笋连同汤汁一起盛入容器内，可在冰箱中冷藏保存 3 天左右。料理时需要根据山椒的口味调节酱油的用量。切成丁的竹笋无论是拌饭，还是用来煮杂炊饭都很好吃。

酱煮蜂斗菜

食材（5～6人份）

蜂斗菜①——200克（挑选细嫩的）

A { 酱油、酒——各2大勺
 砂糖——1大勺

* 如果用市售的蜂斗菜，建议参照p.80的做法，先处理一下再下锅。

做法

1　蜂斗菜洗净，简单切成长段，放到锅中，加入足量的水。煮沸之后，倒掉热水，重新加入水继续煮，反复3～4次，去除蜂斗菜的苦涩味。

2　将蜂斗菜切成小段放入锅中，加入1/4杯水和调味料A，半掩锅盖炖煮10～15分钟，其间不时搅拌一下，待汤汁收干之后关火。

Memo　蜂斗菜冷却后放入冰箱内冷藏，可保存两周左右。如果不放砂糖，只放酱油和酒，味道会偏咸一些。我家更喜欢偏甜的口味，所以一般都加砂糖。如果想现做现吃，味道可以清淡一点。想保存一段时间的话，建议多放一些酱油。

①又称老山芹、蛇头草，在日本被广泛栽培，焯水后可拌、炝、炒、做汤。

春季时令菜拼盘

食材（5～6人份）

水煮竹笋（中等大小）—— 1根（200克）
蜂斗菜 —— 3根
胡萝卜 —— 1根
高野豆腐[①]（干燥）—— 6块（100克）
干香菇 —— 4朵

A
- 浸泡干香菇的水 —— 1杯
- 出汁 —— 适量
- 酱油、味醂 —— 各1大勺
- 盐 —— 1/4小勺

B
- 出汁 —— 适量
- 淡口酱油 —— 1大勺
- 盐 —— 少许

C
- 出汁 —— 适量
- 淡口酱油 —— 1大勺
- 盐 —— 1/4小勺

盐 —— 适量

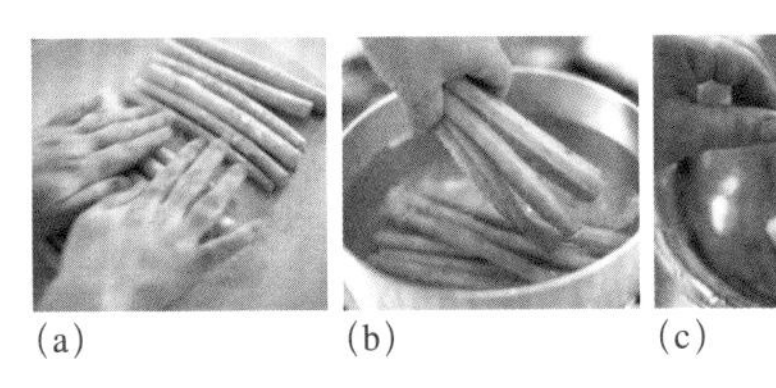
(a)　(b)　(c)

做法

1　将干香菇放入水里提前浸泡一晚，捞出后切掉香菇柄。高野豆腐放到热水里浸泡一会儿，待水变凉后，再倒些热水，浸泡1个小时，直至豆腐变软。捞起高野豆腐，挤出多余水分，切成小块。

2　蜂斗菜粗切几刀，撒适量盐，放在案板上搓一会儿（图a）。然后放入锅中煮软（图b），捞起后剥下表皮（图c），再切成约4厘米长的段。

3　胡萝卜削皮，和竹笋一起切成块。

4　锅中放入香菇和豆腐块，倒入浸泡干香菇的水，再加入调味料A没过食材。开火煮沸后调成中小火，半掩锅盖再煮20分钟，然后关火冷却。

5　另取一口锅，放入蜂斗菜，倒入调味料B，稍稍没过食材，煮沸后调成中小火再煮10分钟，然后关火冷却。

6　再换一口锅，加入胡萝卜和竹笋，再加入调味料C，没过食材、煮沸之后调成中小火，再煮15分钟，然后关火冷却。

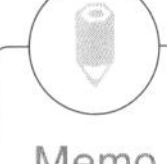
Memo

春季时令菜拼盘可在冰箱内冷藏保存3天左右。为避免食材之间相互串味，我选择分开烹煮。盛盘时可以放几片花椒叶做点缀。切成丁后可以用来做散寿司。

①即冻豆腐，是将豆腐冷冻之后脱水晾干制成的，是日本家庭喜爱的炖菜原料。

具有特殊香气的时蔬常备菜

佃煮新姜

食材（4～5人份）

新姜 —— 300克

酱油 —— 适量

Memo

佃煮新姜冷却后放入冰箱内冷藏，可保存1年左右。它可以直接拌饭吃，也可以用来做日式茶泡饭，还可以当成凉拌菜或炒菜时的配料。

做法

1 刮掉新姜表面发黑的部分，再带皮切成薄片。

2 汤锅或平底锅中放入新姜片，倒入酱油没过新姜1/3，中火煮沸后，改成中小火。边煮边搅拌，新姜析出大量水分后，调大火煮至收汁。

醋腌茗荷

食材（4 ~ 5 人份）

茗荷 —— 5 个

寿司醋 （p.122） —— 1/4 杯

做法

1　茗荷切成 3 ~ 4 毫米厚的片，和寿司醋一起放入保鲜袋中，挤出空气，真空腌制一晚即可。

Memo　醋腌茗荷可在冰箱内冷藏保存 5 天左右。它可以与白米饭或寿司饭拌着吃，也可以作为烤鱼或生鱼片的配菜。

佃煮茗荷

食材（4 ~ 5 人份）

茗荷 —— 10 个

酱油、味醂 —— 各 2 大勺

做法

1　茗荷对半切开，然后斜切成薄片，和酱油、味醂一起放入汤锅或平底锅中，中火煮沸，不时搅拌一下。煮出水后，调大火煮至收汁即可。

Memo　佃煮茗荷冷却后可在冰箱内冷藏保存 2 周左右。既可以用来拌饭，也可以用来做日式茶泡饭，作为生鱼片或面条的配菜也不错。

第3章

干货类

我家的干货都是一次做一整袋，
因为剩下的干货往往不会立刻再吃，
多半会一直躺在厨房的抽屉里，
干萝卜丝放得太久都变色了，
所以干脆一次用完。
做成菜，家人总会吃光的。
无论是煮、炒、还是拌，
同一种食材可以做出几种不同口味的菜，
端上桌也不会令人觉得单调。

可以这样搭配… >>> 女儿的便当 >>>

煮羊栖菜（p.90）拌米饭
煎香肠、芝麻油西蓝花（p.40）
伍斯特沙司煮蛋（p.99）

油豆腐煮萝卜

食材（5 ~ 6 人份）

干萝卜丝 —— 80 克
胡萝卜 —— 1/2 根
油豆腐 —— 1 块
A { 出汁 —— 2 杯
酱油、味醂 —— 各 1 大勺
砂糖 —— 1 小勺 }
色拉油 —— 1 大勺

做法

1　干萝卜丝一边揉搓一边冲洗干净，用水浸泡 10 ~ 15 分钟，控除多余水分之后切成段。胡萝卜削皮，切成 3 厘米长的丝。油豆腐也切成 3 厘米长的丝。

2　锅中倒入色拉油加热，将所有食材都放入锅内用中火翻炒。炒至食材表面均匀沾上油后加入调味料 A，调到中小火煮至收汁。

Memo

油豆腐煮萝卜冷却后放入冰箱内冷藏，可保存一周左右。干萝卜丝不仅可以炖煮成菜，还可以用来做沙拉或炒菜。注意，干萝卜丝一旦开袋，很快就会变黄，味道也会变淡，所以建议通过腌、煮等办法一次做完，再冷藏保存。

辣腌萝卜丝

食材（5～6人份）

干萝卜丝 —— 50克
干海带丝 —— 20克
红辣椒 —— 1根
A { 醋、酱油 —— 各1/4杯

做法

1 将干萝卜丝与海带丝一边揉搓一边冲洗干净，控干水分后切成小段。红辣椒切成丁，加入调味料A拌匀。

2 将所有食材连同调味料汁倒入容器中，拌匀后腌制一夜。

Memo

辣腌萝卜丝可在冰箱内冷藏保存一周左右。我常去的一家餐厅里有道沙拉，里面有酥香的炒培根、脆嫩的腌萝卜、爽口的水菜，我非常爱吃，于是，回家后模仿着做了。

香辣羊栖菜

食材（3 ~ 4 人份）

干羊栖菜[①] —— 20 克

大蒜 —— 1 瓣

红辣椒 —— 1 根

盐 —— 1/4 ~ 1/2 小勺

橄榄油 —— 3 大勺

做法

1　干羊栖菜洗净，放入水中浸泡 20 ~ 30 分钟，捞出后沥除多余水分，将较长的羊栖菜切短。大蒜切成薄片，红辣椒对半切开。

2　锅内倒入橄榄油，放入蒜片，用中小火翻炒出香味，再放入红辣椒和羊栖菜，炒至食材表面均匀沾上油后，再撒些盐调味。

Memo　香辣羊栖菜冷却后放入冰箱内冷藏，可保存 5 天左右。它既可以用来拌意大利面，也可以抹在烤面包片上。羊栖菜中有茎较长的羊栖菜，也有羊栖菜芽，长羊栖菜浸泡后，建议切短一点。

①羊栖菜是一种藻类植物，在日本称为“长寿菜”，具有较高的营养价值。

羊栖菜沙拉

食材（3 ~ 4 人份）

干羊栖菜 —— 20 克

洋葱 —— 1/2 个

寿司醋 (p.122) —— 1/4 杯

做法

1　羊栖菜洗净，用水浸泡 20 ~ 30 分钟，捞起后放入开水中迅速煮一下，再将较长的羊栖菜切短。

2　洋葱切成薄片，淋上寿司醋，变软之后，倒入羊栖菜中拌匀。

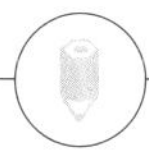

Memo

羊栖菜沙拉冷却后放入冰箱内冷藏，可保存 3 天左右。这道菜还可以与腌黄瓜、火腿丝一起拌着吃。在我的家乡，每年禁渔期结束就有羊栖菜上市，买到煮好的羊栖菜很容易，所以这个时候我经常做这道菜。

煮羊栖菜

食材（3 ~ 4 人份）

干羊栖菜 —— 20 克

胡萝卜 —— 1 根

油豆腐 —— 1 块

魔芋 —— 1/2 块

黄豆罐头 —— 1½ 小罐（180 克）

A { 出汁 —— 2 杯
鸡精 —— 1 小勺 }

酱油 —— 3 大勺

做法

1　干羊栖菜洗净后，用水浸泡 20 ~ 30 分钟（图 a），并将较长的羊栖菜切短一点。

2　胡萝卜削皮，魔芋用热水焯一下，连同油豆腐一起切成 1 厘米见方的丁。

3　将所有食材倒入锅中，加入黄豆罐头和调味料 A, 用中火煮沸后，淋入酱油，调成中小火，半掩锅盖煮 20 ~ 30 分钟（图 b）即可。

(a)

(b)

Memo

煮羊栖菜可在冰箱内冷藏保存 3 天左右。由于黄豆容易变质，3 天后需要加热一下，这样可以保存得久一些。

通心粉沙拉

食材（4 ~ 5 人份）

干通心粉 —— 150 克
胡萝卜 —— 1/4 根
青椒 —— 1 个
紫洋葱（或白洋葱）—— 1/4 个
里脊火腿 —— 4 片
寿司醋 （p.122）—— 2 大勺
蛋黄酱 —— 3 大勺
盐、胡椒粉 —— 少许

做法

1 胡萝卜去皮后切成丝，撒少许盐简单腌一下，变软后沥去多余水分。青椒去蒂去籽，切成丝。紫洋葱切成丝。火腿对半切开后切成丝。

2 通心粉按照包装上的步骤煮开。

3 趁热将通心粉倒入料理盆中，与紫洋葱一起拌匀，静置 5 分钟后淋入寿司醋。冷却后，将其余食材和蛋黄酱倒进料理盆内拌匀，最后撒上盐和胡椒粉调味。

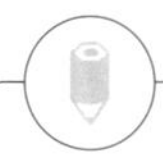

Memo

通心粉沙拉可在冰箱内冷藏保存 3 天左右。注意，做沙拉时通心粉要尽量煮软一些，这样才容易入味。寿司醋是调味的关键，蛋黄酱起到了画龙点睛的作用。

粉丝沙拉

食材（4 ~ 5 人份）

干粉丝 —— 100 克
豆芽 —— 1/2 袋
干木耳 —— 4 个
里脊火腿 —— 4 片
酱油沙拉汁 (p.125) —— 3 ~ 4 大勺
白芝麻粉 —— 1 大勺

做法

1 粉丝用温水泡开，变透明后捞起沥干，切成小段。

2 豆芽摘掉根须，放在热水中焯一下。干木耳在水中浸泡 30 分钟后，摘掉根部并切成丝。火腿对半切开后切成丝。

3 将所有食材倒入料理盆中，加入酱油沙拉汁充分拌匀，最后撒上白芝麻粉再拌一下。

Memo

粉丝沙拉冷却后放入冰箱内冷藏，可保存 3 天左右。处理粉丝的时候，厨房剪刀比菜刀更好用，可以直接将粉丝剪在料理盆中。

什锦蔬菜丝

食材（5 ~ 6 人份）

干海带丝 —— 10 克
西芹 —— 1/2 根
彩椒（不同颜色可以任意搭配）—— 2 个
胡萝卜 —— 1/2 根
紫洋葱（或白洋葱）—— 1/2 个
干鱿鱼片 —— 1/4 片（约 10 克）
蘸面汁（p.122）—— 1 杯

做法

1 将西芹切成 4 厘米长的细丝，彩椒去蒂去籽后切成丝。胡萝卜去皮，切成 4 厘米长的细丝，紫洋葱切成细丝。干鱿鱼片用剪刀剪成细丝。

2 将干海带丝泡发，然后和其余食材一起倒入容器中，撒上蘸面汁，腌制半天，其间不时上下翻拌一下即可。

Memo

什锦蔬菜丝可在冰箱内冷藏保存 3 天左右。做这道菜时可以根据个人喜好改变蔬菜种类，加入黄瓜和新姜也很好吃。

香菇烧海带

食材（5 ~ 6 人份）

干香菇 —— 6 朵
海带 —— 一片（20 厘米长）
酱油、砂糖 —— 各 3 大勺

做法

1 干香菇提前用 2 杯水浸泡一夜。然后切掉香菇柄，再将个头较大的香菇肉对半切开。海带用 1 杯水泡软，切成 3 厘米长的小片。

2 锅中放入切好的香菇和海带，倒入泡发香菇和海带的水，再加入酱油和砂糖，用中火煮沸后，调至中小火，半掩锅盖煮 15 ~ 20 分钟。待汤汁快耗干，海带和香菇表面泛油光后，关火冷却。

Memo

香菇烧海带可在冰箱内冷藏保存一周左右。这道菜既可以搭配米饭，也可以切碎后与寿司饭一起拌着吃，放在便当中也非常合适。

第4章

鸡蛋类

新鲜鸡蛋放几天后再煮，
剥壳更容易。
如果生吃，当然越新鲜越好。
像布丁一样柔软的新鲜蛋黄，
用来下酒或下饭都不错。

可以这样搭配… >>>

一人食

>>>

白米饭配酱油腌蛋黄（p.100）
卷心菜炖油豆腐（p.38）
炒牛蒡丝（p.53）

蘸面汁腌蛋

食材

鸡蛋 —— 8个
鹌鹑蛋 —— 12个
蘸面汁 (p.122) —— 约2杯

做法

1　将鸡蛋和鹌鹑蛋煮熟，剥掉蛋壳后放入容器内，倒入蘸面汁。在冰箱中冷藏2～3个小时，其间翻动几下。

Memo

蘸面汁腌蛋可在冰箱内冷藏保存3天左右。可按个人喜好控制鸡蛋的熟度，如果想吃半熟的鸡蛋，可冷水下锅煮10～12分钟；如果想要再熟一点，可在水沸腾后再煮10分钟。鹌鹑蛋一般冷水下锅煮开后，再煮5分钟，然后浸入凉水中冷却、剥壳。浸泡用的调味汁换成酱油或者加些味噌也可以。调味汁中还可以再加入大蒜、生姜、辣椒、八角，使味道更丰富。

伍斯特沙司煮蛋

食材

鸡蛋 —— 8个
伍斯特沙司（或口味偏浓的调味汁）
—— 1/2杯
鸡精 —— 2小勺

做法

1 鸡蛋煮熟后，捞出来将蛋壳敲裂。

2 锅内倒入伍斯特沙司、鸡精和1/2杯水，煮沸后放入鸡蛋，用中小火煮5分钟，关火后冷却入味即可。

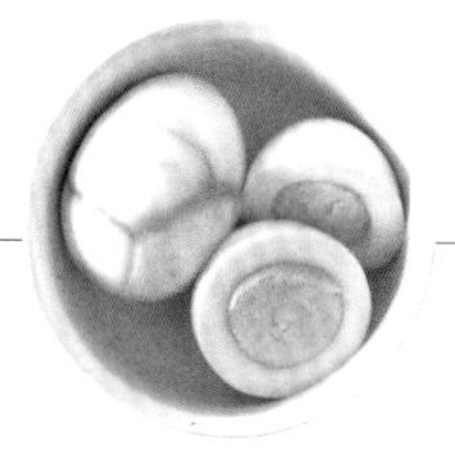

Memo

建议将鸡蛋浸泡在调味汁中，可在冰箱内冷藏保存3天左右。食用前剥开蛋壳，会发现卤汁沿着蛋壳裂缝渗入，给蛋清染上了大理石纹般的纹路，十分美丽。

酱油腌蛋黄

食材

生蛋黄 —— 6个
酱油 —— 3小勺

做法

1 将6个生蛋黄分别放入6枚锡箔蛋挞模或小号玻璃器皿中，然后倒入酱油，放入冰箱冷藏腌制一夜。注意，酱油只需没过一半蛋黄即可。

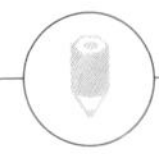

Memo

酱油腌蛋黄可在冰箱内冷藏保存1天左右。食用时取出蛋黄，既可以作为下酒菜，也可以放在新煮的米饭上拌着吃。

味噌腌蛋黄

食材

生蛋黄 —— 6个

味噌 —— 2～3大勺

做法

1　在6枚锡箔蛋挞模或小号玻璃器皿中薄薄地抹一层味噌，再加入蛋黄，放在冰箱冷藏腌制一夜即可。

Memo

味噌腌蛋黄可在冰箱内冷藏保存1天左右，既可以做下酒菜又可以拌饭吃。剩余的蛋清可以用来炒菜或做汤，比如用打蛋器打出丰富的泡沫，加入淀粉，做一碗雪白蓬松的蛋白汤。

第5章

豆类·豆制品类

虽然处理这类食材需要多花一些时间，
但越是需要下功夫的食材，
越是美味。
每次我在厨房做饭，都会手忙脚乱，
而这些需要耐心慢慢处理的菜肴，
让我的内心十分平静。

可以这样搭配… >>> 简餐 >>>

墨西哥辣肉末（p.106）上撒些比萨用乳酪
用烤箱烘烤成法式乳酪焗菜

甜煮金时豆

食材（7 ~ 8 人份）

金时豆[①] —— 300 克

砂糖 —— 1 杯

做法

1　豆子洗净，放在水中浸泡半天。

2　将豆子连同浸泡用的水一起倒入锅中，用中火煮沸后，改成中小火炖煮半小时至 1 小时，其间要不断添水，让豆子一直泡在水中。

3　当豆子软到手指可以按碎时，倒出部分汤汁，让豆子露出水面，然后加入砂糖，用小火再煮 10 分钟。

Memo

豆子连同汤汁一起放入冰箱，可冷藏保存 5 天左右。也可以用金时豆罐头，但不太好入味，所以建议用干豆慢慢烹煮。这道菜容易变质，建议不时加热一下。食用前，可以用生姜末调味。我家经常用它来搭配香草冰淇淋或刨冰。

金时豆

①一种红豆。在日本，经常加砂糖熬煮，制成色彩分明的甜品。

高汤小扁豆

食材（7～8人份）

小扁豆 —— 200克

培根（切丝）—— 4片

大蒜（切末）—— 1瓣

浓汤宝 —— 1/2块

盐、胡椒粉 —— 少许

橄榄油 —— 2大勺

做法

1　在深平底锅或汤锅中倒入橄榄油，放入蒜末，用中小火炒出香味后，依次放入培根丝和清洗后的小扁豆翻炒。

2　当培根丝和小扁豆都均匀沾上油后，放入浓汤宝，加入没过食材的水，用中火煮沸，再调至中小火煮20分钟，其间要不断添水。待汤汁几乎耗干、小扁豆软烂成泥状时关火。最后加入盐和胡椒粉调味。

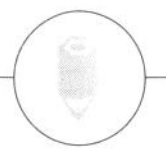

Memo

小扁豆学名兵豆，呈扁豆形。这道菜冷却后放入冰箱内冷藏，可保存5天左右。把它抹在面包上，或者拌意大利面，抑或是做其他料理的配菜都不错。小扁豆像葡萄干一样扁平，在市面上可以买到带皮和不带皮的两种，不带皮的更容易熟，不必提前浸泡，用来做咖喱或煮汤都很棒。

小扁豆（不带皮）

墨西哥辣肉末

食材（4 ~ 5 人份）

红芸豆罐头 —— 1 小罐（120 克）

牛肉末 —— 300 克

洋葱（切末）—— 1/4 个

大蒜（切末）—— 1 瓣

番茄罐头 —— 1 罐（400 克）

A
- 番茄酱 —— 2 大勺
- 盐 —— 1 小勺
- 酱油 —— 少许

辣椒粉、牛至粉①、红椒粉、小茴香粉 —— 各 1/2 小勺

橄榄油 —— 2 大勺

做法

1 将罐头番茄与汁水一起倒进料理盆中，用手捏碎番茄。

2 锅中倒入橄榄油和大蒜末，用中小火翻炒至变色后，再加入洋葱末，炒至洋葱变透明后，放入牛肉末继续翻炒。

3 牛肉末变色后，加入捏碎的番茄和罐头汁，用中火煮至黏稠，再倒入红芸豆煮 5 分钟，最后放入调味料 A 和辣椒粉、牛至粉、红椒粉和小茴香粉拌匀。

红芸豆罐头

Memo

墨西哥辣肉末冷却后放入冰箱内冷藏，可保存 5 天左右。辣椒粉和小茴香粉等香辛料加重了口味，而红芸豆也增添了特殊口感。我们家经常将这道菜盛在米饭或煎鸡蛋上，百吃不厌。

①牛至味道清淡，适合搭配鸡肉、蔬菜和番茄菜肴。

原料选用新鲜白芸豆

原料选用红芸豆和鹰嘴豆罐头

白芸豆沙拉

食材（4 ~ 5 人份）

白芸豆 —— 200 克
火腿（切成 1 厘米见方的小片）—— 2 片
紫洋葱（切末）—— 1/4 个
大蒜（切末）—— 1/2 瓣
欧芹（切末）—— 1 小勺
法式沙拉汁 (p.125) —— 3 ~ 4 大勺
盐 —— 少许

做法

1 将白芸豆洗净，用足量水浸泡半天。然后连水带豆一起倒进锅中，用中火煮沸后调成中小火，再炖煮半小时至 1 小时。其间注意及时添水，保证豆子浸在水中。煮好后关火冷却。

2 紫洋葱末撒些盐腌制一下，冲洗后沥去多余水分。

3 将白芸豆捞起沥干，和紫洋葱、火腿、蒜末、欧芹末、法式沙拉汁一起倒入料理盆中拌匀，静置 30 分钟。

Memo

白芸豆沙拉放入冰箱内，可冷藏保存 3 天左右。根据个人喜好，将白芸豆换成鹰嘴豆、菜豆等都可以。如果用豆类罐头来做（见右图），可以选择两小罐自己喜欢的豆类，配上火腿、少许洋葱末、适量腌黄瓜末，用法式沙拉汁拌匀即可，注意静置时间要略长一些。

白芸豆

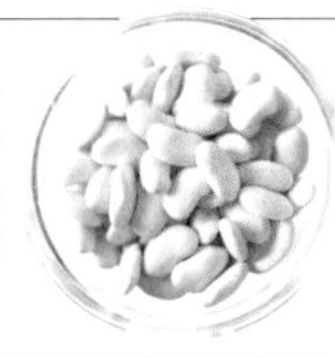

鹰嘴豆罐头

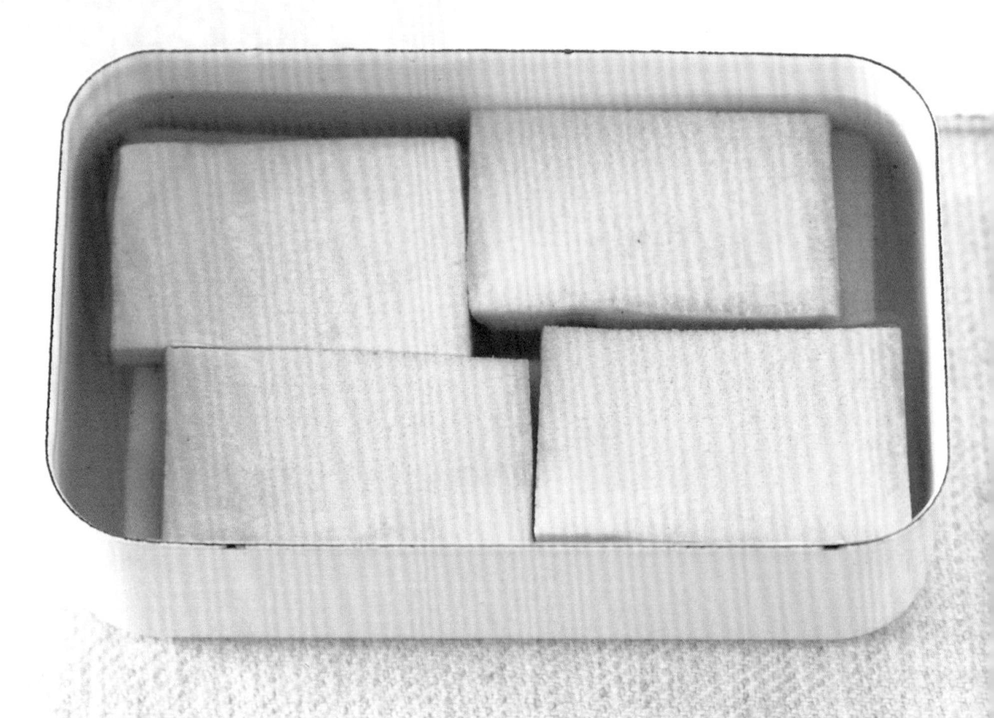

鲜味高野豆腐

食材（4 ~ 5 人份）

高野豆腐 —— 8 块（130 克）

A
- 出汁 —— 4 杯
- 砂糖 —— 3 大勺
- 酒 —— 2 大勺
- 盐 —— 2 小勺

做法

1 将高野豆腐放入热水中浸泡，其间要及时添加热水。泡至非常柔软后再静置半天。捞出豆腐，挤干多余水分，将豆腐切成稍小的块。

2 将豆腐和调味料 A 放入锅中，用中火煮沸后，半掩锅盖，调至中小火继续煮 30 分钟，然后关火冷却。

Memo

豆腐连同汤汁一起放入冰箱冷藏，可保存 3 天左右。此外，还可以挤掉豆腐中的水分，裹一层淀粉用油炸着吃，或者作为炸肉卷的辅料。有些食谱说高野豆腐不用浸泡就可以直接煮，但我觉得浸泡之后豆腐口感更柔软。

煮豆腐丸子

食材（6人份）

炸豆腐丸子（中等大小）—— 6个

出汁 —— 3杯

砂糖、酱油 —— 各2大勺

做法

1　用开水将豆腐丸子烫一下或焯一遍，去掉表面油脂。

2　将丸子倒入锅内，加入出汁和砂糖，中火煮沸后调成中小火，半掩锅盖煮15分钟。

3　淋入酱油，用中火继续煮5分钟，然后关火冷却。

Memo

煮豆腐丸子连同汤汁一起放入冰箱内冷藏，可保存3天左右。炸豆腐块和油豆腐也可以用这种做法炖煮，非常适合做便当配菜。

什锦豆腐渣

食材（7 ~ 8 人份）

豆腐渣 —— 200 克
羊栖菜（泡好的）—— 100 克
油豆腐 —— 1 块
胡萝卜 —— 1/2 根
熟豌豆 —— 1/2 杯
大葱（切末）—— 7 ~ 8 厘米
荷兰豆（斜切成丝）—— 10 根
出汁 —— 2 杯
A 味醂 —— 2 大勺
淡口酱油 —— 1 ~ 2 小勺
盐 —— 1/2 ~ 1 小勺
色拉油 —— 2 小勺

做法

1 油豆腐切掉边，再切成 2 厘米长的细丝。胡萝卜也切成 2 厘米长的细丝。

2 锅中倒入色拉油，加热后放入羊栖菜、油豆腐、胡萝卜，用中火翻炒。当所有食材均匀沾上油之后，放入豆腐渣，稍微翻炒几下，倒入一半出汁和调味料 A，炒至所有食材混合均匀。待汤汁变少后，倒入剩余的出汁，炒至收汁。

3 撒些盐调味，再加入豌豆、大葱末和荷兰豆丝拌匀。

Memo

什锦豆腐渣冷却后放入冰箱内冷藏，可保存 3 天左右。这道菜中所用蔬菜可换成当季的时令菜，比如春天用野菜、青豌豆，秋天用根茎类蔬菜。

味噌魔芋

食材（4 ~ 5 人份）

魔芋 —— 2 块

A
- 出汁 —— 1/2 杯
- 味噌 —— 2 大勺
- 砂糖、酱油 —— 各 1 大勺

做法

1　将魔芋放入开水中煮 5 分钟，冷却后，用勺子挖成小块。

2　开中火将锅烧热，倒入魔芋块煎炒，待噼啪声停止，魔芋炒干表面水分后，关火放置片刻。

3　再次开火，将调味料 A 倒入锅中，中火煮至收汁。

Memo　味噌魔芋冷却后放入冰箱内冷藏，可保存 5 天左右。加入调味料煮之前将魔芋炒得越充分，就越容易入味。

软面包配卡仕达酱

卡仕达酱

食材（成品约 2 杯）

A
- 小麦粉 —— 30 克
- 玉米淀粉 —— 5 克
- 细砂糖 —— 70 克

牛奶 —— 1¼ 杯
蛋黄 —— 4 个
黄油 —— 5 克

做法

1 将食材 A 混合过筛，倒入锅中，一边慢慢地加入牛奶一边用打蛋器搅打均匀，其间可补充一些细砂糖。然后开中小火，边加热边搅拌，煮沸后关火。
2 加入蛋黄，用打蛋器打匀，然后再开中小火，边加热边不断搅拌，直至表面冒泡后关火，放入黄油混合均匀。
3 倒入容器内，用保鲜膜封好冷却。

Memo

卡仕达酱放入冰箱内，可冷藏保存一周左右。食用时，还可加入一些鲜奶油。这种酱非常适合用来搭配柔软的面包。如果想把酱做得更稠一点，可以先将鲜奶油打至五分发后，再与卡仕达酱混合。

蓝莓果酱

食材（成品约 2 杯）
蓝莓 —— 500 克
砂糖 —— 1 杯

做法

1　蓝莓洗净后控干水分，倒入耐酸的厚搪瓷锅或厚不锈钢锅中，加入砂糖后捣碎，静置 1 ～ 2 小时。

2　开中火煮沸，一边小心地撇掉表面的浮沫，一边不停搅拌，煮 15 分钟后，趁热装入玻璃瓶内保存。

Memo　蓝莓果酱冷却后放入冰箱内冷藏，可保存 1 个月左右。搭配酸奶或松饼非常可口。草莓或西梅也很适合做成果酱，但家人却对蓝莓果酱情有独钟，每天吃酸奶时都要加一些。蓝莓下市的时候，我会买冷冻的蓝莓做果酱。自从老家的妈妈寄来了酸奶发酵菌之后，我们连酸奶都是自己做的。

酸奶配蓝莓酱

第6章

酱汁类

酱汁也能算常备菜吗？

或许不能算。

但是，做鱼、肉、蔬菜，

以及其他一些菜肴时，

这些酱汁却是必备调味料。

我偶尔会买些超市里的罐装酱汁，

但只要有时间就自己做，

每做完一瓶酱汁，我都会欣喜地想，

拿它做什么菜好呢……

可以这样搭配… >>> 下酒菜 >>>

白葡萄酒

萨尔萨辣酱（p.118）与鳄梨混合做成鳄梨酱

意大利热蘸酱（p.120）配蔬菜条

绿紫苏酱

食材（成品约 1/2 杯）

绿紫苏叶 —— 50 片

砂糖、味噌 —— 各 1 ~ 1½ 大勺

色拉油 —— 1/2 大勺

做法

1　将每 10 片绿紫苏叶叠放在一起，卷起来后切成细丝。

2　在平底锅中倒入色拉油，加热之后放入绿紫苏丝，翻炒至均匀沾裹上油后，加入砂糖和味噌拌匀。

紫苏煎肉

食材和做法（2 人份）

①用盐和胡椒粉将 6 片猪肉稍稍腌制一下，在平底锅内倒入 1/2 大勺色拉油后，放入肉片煎至两面焦黄。盛盘后，搭配 1 ~ 2 大勺绿紫苏酱即可。

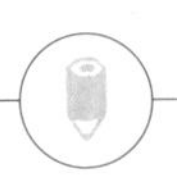

Memo

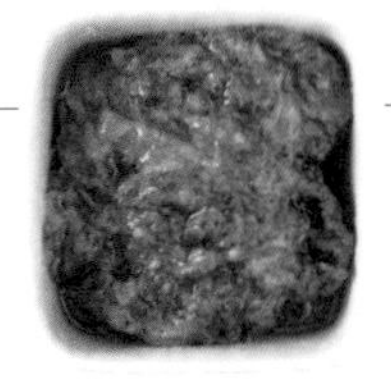

绿紫苏酱冷却后放入冰箱内冷藏，可保存一周左右。加入砂糖炒容易析出水，所以改成炒好后加入砂糖和味噌拌匀。绿紫苏酱与猪肉、鸡肉和白肉鱼搭配非常棒，我经常用它搭配煎鱼，拌米饭也很好吃。

罗勒酱

食材（成品约 1½ 杯）

A
- 罗勒叶① —— 80 克（约 8 片）
- 松子 —— 40 克
- 大蒜（切末）—— 2 瓣
- 帕马森干酪 —— 4 大勺

橄榄油 —— 1/2 杯
盐 —— 1/2 小勺
胡椒粉 —— 少许

做法

1　用料理机将食材 A 打碎，然后一边逐量倒入橄榄油一边搅拌。最后加盐和胡椒粉拌匀。

Memo

罗勒酱放入玻璃容器中冷藏，可保存 10 天左右。除了罗勒，百里香②、莳萝③、欧芹、花椒叶或绿紫苏叶也可以按照这种方法做成酱。帕马森干酪中本来就含有盐分，所以要试尝之后再决定盐和胡椒粉的用量。罗勒酱搭配意大利面或用来煮蔬菜都很好吃。

罗勒蛋卷

食材和做法（2 人份）

① 在碗里打入 3 个鸡蛋，加入 2 大勺牛奶、1/4 小勺盐搅打均匀。
② 在平底锅中放入 1 大勺黄油，加热融化后倒入搅好的蛋液，煎至半熟后，端起平底锅倾斜并晃动锅身，将蛋饼折成蛋卷。盛盘后，淋上 2 ～ 3 大勺罗勒酱。

①一种药食两用的香草，味似茴香，可做比萨、香肠、沙拉等食物的调料。
②在法国、意大利、中东等地的菜肴中广泛使的香草用，口感略清苦，常用于腌肉和烩菜中。
③味道辛香甘甜，多用于调味，适合搭配炖菜、海鲜等。

萨尔萨辣酱

食材（成品约 2 杯）

西红柿 —— 1 个
青椒 —— 1 个
洋葱 —— 1/2 个
香菜 —— 1 根
青辣椒 —— 1 ~ 2 根
大蒜 —— 1 瓣
A ｛柠檬汁 —— 需要 1/2 个柠檬
　 盐 —— 1/2 小勺
　 胡椒粉 —— 少许｝
橄榄油 —— 2 ~ 3 大勺

做法

1 西红柿去蒂，青椒去蒂去籽，一并切成粗丁。洋葱、青辣椒、大蒜切成小丁，香菜切成末。

2 将所有食材与调味料 A 倒入料理盆内拌匀，最后淋上橄榄油。

萨尔萨辣酱拌章鱼片

食材和做法（2 人份）

①章鱼须（80 克）煮熟，切成薄片，摆在盘内，浇上 1/4 杯萨尔萨辣酱即可。

Memo

萨尔萨辣酱放入玻璃瓶内冷藏，可保存 5 天左右。它可以搭配煎鸡蛋，也可以和酱汁肉末（p.8）或墨西哥辣肉末（p.106）一起拌饭吃，都很香。

橄榄酱

食材（成品约 2 杯）

黑橄榄（无核）—— 20 个

金枪鱼罐头 —— 1 大罐（175 克）

橄榄油 —— 1/4 ~ 1/2 杯

盐、胡椒粉 —— 少许

做法

1 将黑橄榄和金枪鱼肉倒入料理机，一边慢慢加入橄榄油，一边将橄榄和鱼肉打成酱。最后撒上盐和胡椒粉调味。

土豆与四季豆蘸橄榄酱

Memo

橄榄酱放入玻璃瓶内冷藏，可保存一周左右。用面包或咸饼丁蘸着吃，或者搭配煮鸡蛋和蔬菜，都很美味。

食材和做法（2 人份）

①将 2 个土豆连皮煮熟，切成块。四季豆（6 ~ 7 根）去掉蒂和筋，煮熟后对半切开。

②土豆块和四季豆装盘，搭配 1/2 杯油橄榄酱蘸着吃。

意大利热蘸酱

食材（成品约 1½ 杯）

大蒜 —— 2 头（10 ~ 12 瓣）
牛奶 —— 1 杯
凤尾鱼 —— 7 ~ 8 条
橄榄油 —— 1/4 ~ 1/3 杯
盐 —— 少许

做法

1 大蒜去皮，放入锅中，倒入牛奶，开中火煮沸后调至小火再煮 10 分钟，直至大蒜变软。

2 大蒜和牛奶稍微冷却后，倒入料理机内搅拌，然后加入凤尾鱼，一边慢慢倒入橄榄油，一边搅拌至黏稠状。最后用少许盐调味。

* 如果没有料理机，可先用叉子将大蒜碾碎再用小火煮，然后把撕碎的凤尾鱼放入锅中，待所有食材都煮软后关火，其间逐次倒入橄榄油慢慢搅拌均匀。

煎旗鱼

食材和做法（2 人份）

①将 2 片旗鱼肉切成小块，撒上盐腌制几分钟，然后擦掉鱼身表面的水分。将半个彩椒切成小块。

②平底锅内倒入 1 大勺橄榄油，加热后将旗鱼肉和彩椒倒入锅内炒熟。盛盘后淋上 1/2 杯意大利热蘸酱，撒些欧芹末即可。

Memo

意大利热蘸酱冷却后倒入玻璃瓶中，可在冰箱内冷藏保存一周左右。食用前加热一下，可以搭配蔬菜、煮鸡蛋、法棍面包等。此外，搭配意大利面也很好吃。

奶油白酱

食材（成品约 4 杯）

洋葱（切薄片）—— 1/2 个
小麦粉 —— 2½ 大勺
牛奶 —— 4 杯
浓汤宝 —— 1/2 块
盐 —— 1/2 小勺
黄油 —— 2 大勺

做法

1　将黄油放入锅内加热融化，倒入洋葱后用中小火翻炒至变软，析出水分后，加入小麦粉，用扁平的木铲翻炒均匀。

2　当小麦粉与洋葱混合均匀时，慢慢倒入牛奶，搅拌至黏稠状后，放入浓汤宝，融化后加少许盐调味。

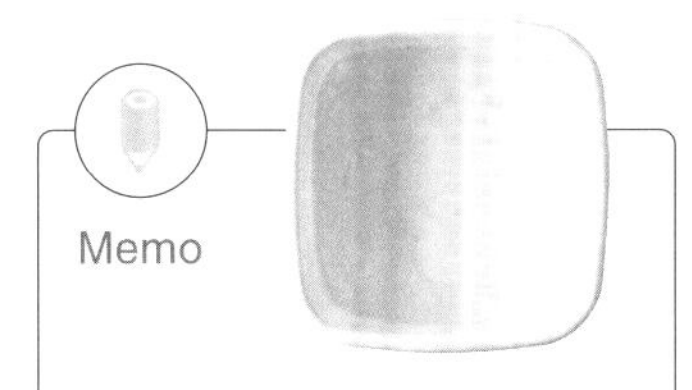

Memo

奶油白酱冷却后放入冰箱内冷藏，可保存 3 天左右。洋葱炒熟后再放小麦粉，小麦粉不容易结块。奶油白酱可以涂在面包上烤着吃，也可以拌意大利面。此外，与米饭或通心粉拌匀后烤出脆皮，也很好吃。

奶汁焗面包

食材和做法（1 人份）

①取 1 片厚面包，将中间的面包芯切取出一部分（保留底部），放入盘中。在切好的面包盒里倒入 1/4 杯奶油白酱，再撒一些比萨用乳酪，放入烤箱内烤至乳酪全部融化。此外，还可以在面包上撒些火腿片、香肠片，或者打个鸡蛋，都非常美味。

蘸面汁

食材（成品约 3 杯）

酱油、味醂 —— 各 1/2 杯

砂糖 —— 1 ~ 2 大勺

出汁 —— 2 杯

做法

1 将味醂倒入锅中，用中火煮沸，使其中的酒精成分挥发。关火后，倒入酱油、砂糖，搅拌均匀后放置一夜。

2 第二天，加入出汁混合均匀。

Memo

蘸面汁冷却后倒入玻璃瓶内，可在冰箱里冷藏保存一周左右。蘸面汁不仅适合用来搭配面条，做炖菜或炒菜时也是非常好的调味料。

寿司醋

食材（成品约 1½ 杯）

醋、砂糖 —— 各 1 杯

盐 —— 1/2 小勺

做法

1 将醋、砂糖和盐一起倒入锅中，用中火煮沸，砂糖全部融化后关火。

Memo

寿司醋冷却后放入玻璃瓶内，可在冰箱中冷藏保存 1 个月左右。不仅可以用作腌菜或凉拌菜的调料，还是制作寿司饭的必备品。

蛋黄酱

食材（成品约 1½ 杯）

鸡蛋 —— 1 个

醋 —— 1 大勺

盐 —— 约 1 小勺

色拉油 —— 2/3 ～ 1 杯

Memo

蛋黄酱装入玻璃瓶内，可在冰箱里冷藏保存 3 天左右。自制蛋黄酱比市售的蛋黄酱更容易变质，建议尽快食用。它不仅可以用来蘸蔬菜吃，而且可以做鸡蛋三明治、塔塔酱或土豆沙拉。

做法

1　将除色拉油之外的所有食材倒入一个较深的容器内。

2　用电动搅拌棒搅拌均匀。

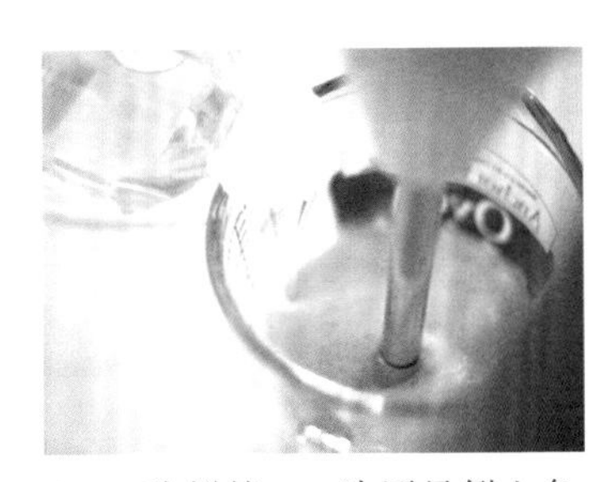

3　一边搅拌，一边逐量倒入色拉油。

4　搅拌至黏稠状即可。

＊如果没有电动搅拌棒，也可以用料理机搅拌后，再用打蛋器用力搅拌。

香草黄油

食材（成品约 1 杯）

黄油 —— 180 克

欧芹、百里香（切末）

—— 各 1 大勺

做法

1　黄油恢复常温后用橡胶刮刀拌软，然后撒入欧芹末与百里香，搅拌均匀即可。

凤尾鱼黄油

食材（成品约 1 杯）

黄油 —— 180 克

凤尾鱼 —— 10 条

做法

1　黄油恢复常温后用橡皮刮刀拌软，然后加入切碎的凤尾鱼拌匀即可。

大蒜黄油

食材（成品约 1 杯）

黄油 —— 180 克

大蒜（切末）—— 2 瓣

胡椒粉 —— 少许

做法

1　黄油恢复至常温后用橡胶刮刀拌软，然后倒入蒜末，拌匀后撒点胡椒粉调味即可。

Memo

将 3 种黄油分别放入较深的椭圆形容器中，可在冰箱内冷藏保存两周左右。黄油既可以涂在面包上，也可以用来做煎蛋卷，还可以拌意大利面。如果家里突然来了客人，只要先端上一种风味黄油和一些切片法棍面包，再加一杯酒，客人们就可以先吃点小食，主妇也可以从容准备正餐了。

法式沙拉汁

食材（成品约 1½ 杯）

白葡萄酒醋 —— 1/2 杯
盐 —— 1/4 小勺
胡椒粉 —— 少许
色拉油（或橄榄油）—— 1 杯

做法

1 将所有食材倒入料理盆中，用打蛋器用力搅拌均匀即可。

Memo

法式沙拉汁倒入瓶内，可在冰箱里冷藏保存 1 个月左右。料理时还可以加入蒜蓉、洋葱丁、芥末籽调味。如果醋的酸味过强，可以加些砂糖中和一下。

酱油沙拉汁

食材（成品约 2 杯）

醋 —— 1/2 杯
酱油 —— 1/4 杯
砂糖 —— 1 大勺
芝麻油（或色拉油）—— 1 杯

做法

1 将所有食材倒入料理盆中，用打蛋器用力搅拌均匀即可。

Memo

酱油沙拉汁放入瓶内，可在冰箱里冷藏保存 1 个月左右。它还可以搭配熟白芝麻或白芝麻粉，非常美味。

奥罗拉沙拉酱[①]

食材（成品约 1 杯）

蛋黄酱 —— 3/4 杯
番茄酱 —— 1/4 杯
盐 —— 少许

做法

1 将蛋黄酱和番茄酱倒入料理盆中搅拌均匀，然后撒上盐调味即可。

Memo

奥罗拉沙拉酱倒入瓶内，可在冰箱里冷藏保存 1 个月左右。用它搭配通心粉沙拉或土豆沙拉都非常不错，我个人喜欢用它搭配鸡蛋沙拉。

① Aurora sauce，在法语中“Aurora”是“朝霞、曙光”的意思，因为加入了番茄酱，所以这种沙拉酱呈现出朝霞般的色泽，因而得名。

小贴士

关于口味

我家的常备菜主要用来搭配米饭或面包，所以吃起来味道都比较浓郁。实际上，越入味的菜，越不容易变质。如果不想保存太久，可以将口味调清淡一点。有些菜需要时间慢慢入味，口感才更好。所以，在冰箱中冷藏过后再端上桌更好吃。

保存方式

做好的常备菜一定要放在冰箱冷藏室内保存，盛放菜肴的容器也要洗净擦干，因为残留的水分或油污都有可能使食物变质。我们不必选择密封性非常好的容器，只要有盖子，不锈钢、玻璃、塑料、搪瓷、铝制的容器都可以使用。当冰箱空间不足的时候，甚至可以将菜装在保鲜袋里密封。注意，放了醋的菜肴，一定要用抗酸性强的搪瓷或玻璃容器保存。

保存时间

食谱中所建议的保存时间只是一个参考，建议大家将做好的菜肴尽快吃完。如果实在想保存得久一点，可以拿出来再加热一下，但这样会让味道更加浓郁，所以最好在食用前加入一些其他食材来中和口味。

食用方法

从冰箱内取出的常备菜，有些可以直接上桌，有些则需要盛到小锅里加热一下，而有些甚至需要再次烹煮。无论怎么吃，请一定要用干净的餐具盛取，否则可能导致食物变质。

图书在版编目(CIP)数据

冰箱里的厨房／（日）飞田和绪著；邹艳苗译．——
海口：南海出版公司，2017.1
ISBN 978-7-5442-8523-0

Ⅰ.①冰… Ⅱ.①飞…②邹… Ⅲ.①菜谱 Ⅳ.
①TS972.12

中国版本图书馆CIP数据核字（2016）第232261号

著作权合同登记号 图字：30-2016-136

冰箱里的厨房
〔日〕飞田和绪 著
邹艳苗 译

出　　版　南海出版公司　(0898)66568511
　　　　　海口市海秀中路51号星华大厦五楼　邮编 570206
发　　行　新经典发行有限公司
　　　　　电话(010)68423599　邮箱 editor@readinglife.com
经　　销　新华书店

责任编辑　秦　薇
特邀编辑　牟　璐
装帧设计　段　然
内文制作　博远文化

印　　刷　北京华联印刷有限公司
开　　本　880毫米×1230毫米　1/32
印　　张　4
字　　数　80千
版　　次　2017年1月第1版
印　　次　2017年1月第1次印刷
书　　号　ISBN 978-7-5442-8523-0
定　　价　36.00元